矿山机械采掘技术与环境保护

张志呈　肖定军　肖益盖　编著

西南交通大学出版社
·成　都·

图书在版编目（CIP）数据

矿山机械采掘技术与环境保护 / 张志呈，肖定军，肖益盖编著. —成都：西南交通大学出版社，2021.9

ISBN 978-7-5643-8254-4

Ⅰ. ①矿… Ⅱ. ①张… ②肖… ③肖… Ⅲ. ①矿山机械－矿山开采②矿区环境保护 Ⅳ. ①TD8②X322

中国版本图书馆 CIP 数据核字（2021）第 183423 号

Kuangshan Jixie Caijue Jishu yu Huanjing Baohu

矿山机械采掘技术与环境保护

张志呈　肖定军　肖益盖　编著

责任编辑	韩洪黎
封面设计	何东琳设计工作室
出版发行	西南交通大学出版社 （四川省成都市金牛区二环路北一段 111 号 西南交通大学创新大厦 21 楼）
发行部电话	028-87600564　028-87600533
邮政编码	610031
网址	http://www.xnjdcbs.com
印刷	四川森林印务有限责任公司
成品尺寸	170 mm × 230 mm
印张	15
字数	236 千
版次	2021 年 9 月第 1 版
印次	2021 年 9 月第 1 次
书号	ISBN 978-7-5643-8254-4
定价	78.00 元

本书编委会

作者简介

张志呈教授，1930 年 3 月出生于重庆市梁平县（现梁平区），1955 年 7 月毕业于昆明工学院（现昆明理工大学）采选系采矿专业，1955—1975 年在冶金部新疆维吾尔自治区有色工业管理局可可托海矿务局从事科研工作，重点研究我国最大的稀有金属矿床——可可托海 3 号矿脉的凿岩爆破等开采技术。1975 年 12 月—1981 年 6 月在冶金部邯邢矿山管理局矿山研究所结合生产关键问题进行试验研究工作。1981 年 7 月—1998 年 6 月，分别在四川建筑材料工业学院、西南工学院（现西南科技大学）从事教学和科研工作，并长期致力于工程爆破理论与方法技术以及采矿方法的研究。先后担任四川建筑材料工业学院非金属矿系副主任、非金属矿研究所副所长。

张志呈教授自 1992 年 10 月起终身享受国务院特殊津贴；1995 年为西南工学院首批学术带头人，曾任中国爆破协会理事，同年被西南工学院学术委员会推荐为中国工程院院士候选人，被英国剑桥世界名人传记中心列入《世界名人录》；1998 年被聘为美国自然科学研究会协会顾问（1998 年 6 月退休）。

著作：撰写专著 5 部（其中，2 部获西南西北优秀科技图书、中国西部地区优秀科技图书二等奖，1 部获 1995 年四川省科学技术进步三等奖，1 部入选 2013 年国家出版基金资助项目及优秀图书）。主编教材和专业参考书 6 部，参编实验教材 1 部。公开发表文章 198 篇，其中作为第一作者的有 112 篇。

科技成果：在冶金部所属单位工作期间完成科研项目 16 项；1979 年“多孔粒状铵油炸药”获冶金部科技成果一等奖；1981—2008 年，完成科研项目 17 项，获工业和信息化部、四川省人民政府、广西壮族自治区人民政府、中国建筑材料联合协会、中国物理研究院科学技术基金办公室等科技进步二等奖、三等奖共 15 项；获国家知识产权局授权的实用新型专利 3 项、发明专利 1 项。

肖定军，1982 年 5 月出生，西南科技大学学士（2006）、西南科技大学硕士（2009）、四川大学博士（2019），于 2010 年在西南科技大学环境与资源学院任教至今。长期从事爆破地震波传播规律与控制以及钻眼爆破机理与岩石材料动态性能方向相关的教学和科研工作。2010 年至今先后主持研究科研项目 6 项，参研国家自然科学基金项目 3 项，主编教材 1 部，参编教材与专著 2 部，发表论文十余篇，获授权发明专利 1 项，获国防科学技术进步三等奖 1 项、四川省科学技术进步三等 1 项。

肖益盖，1984 年 4 月出生，现就职于中钢集团马鞍山矿山研究院有限公司，院青年学术带头人，河海大学硕士研究生导师，中南大学安全科学与工程在读博士研究生。具有国家注册安全工程师、注册一级建造师、安全评价师、爆破工程技术人员等执业资格，国家一级安全标准化评审员。长期从事地下非煤矿山开采技术研究和设计工作。先后参与国家“十一五”“十二五”科技支撑计划、“十三五”重点研发计划和采矿及地下岩土工程技术研究横向课题二十余项，获安徽省科学技术进步奖一项、安徽省科技成果奖 4 项、马鞍山市科技成果奖 1 项，参与制定行业规范 1 部，出版专著 2 部，授权发明专利 5 项、实用新型专利 5 项，发表学术论文十余篇。

李何林，1982 年 8 月出生，现就职于中钢集团马鞍山矿山研究院有限公司，中钢集团杰出青年，高级工程师，国家注册安全评价师。主持和参与了三百余项金属非金属矿山类安全评价、设计、研究及工程总承包项目，项目合同额数亿元。获中国冶金矿山科学技术一等奖 1 项，中国优秀工程咨询三等奖 1 项，安徽省科技成果奖 1 项，马鞍山市科技进步奖 1 项。累计获发明专利 4 项、实用新型专利 1 项，参与编写安徽省技术规程和标准 4 项。

前言 ‖ FOREWORD

近几十年来，机械采掘技术发展迅速，与传统钻爆技术相比，机械采掘技术适用于小规模、复杂环境，而传统钻爆技术适用于大规模开采条件。机械采掘技术与传统钻爆技术是互补关系而不是代替关系。今后矿山的发展方向无疑是大型化、自动化，相应的采掘设备有待进一步充实完善、发展提高，达到智能化，使其适应性更强、应用范围更广。为启迪矿业同仁视野，推动矿业事业发展，促进采掘设备智能化、自动化的全面实现，我们编写了这本书供同行参考。

全书分 3 篇共 8 章，主要内容包括绪论、机械采掘设备及方法、机械采掘设备应用实例以及矿山环境保护。反映了 21 世纪以来国内外机械采掘技术领域最新成就，智能化采矿和运输、挖掘的自动化等先进技术成果，对国内外最先进的采掘设备进行了介绍，对机械采掘技术的发展方向进行了展望。

本书可供土木工程、采矿工程、水利与水电工程等专业的工程技术人员和高校师生参考使用。

本书参考了大量文献资料，在此对相关作者表示衷心感谢。由于时间仓促，书中不足之处在所难免，敬请广大读者批评指正。

作 者

2021 年 1 月 1 日

目 录 ‖ CONTENTS

第二篇　机械采掘设备的应用

第三篇　矿山环境保护

绪 论

采掘工业的重要任务是向自然界索取为发展国民经济所需要的资源。从工业到农业，从人民生活的需要到科学技术的发展，无不与采掘工业有关。因此，它是国民经济的基础工业。采掘工艺的改进和发展与采掘工作中所用机械设备能力的提高密切相关。它们之间是相互促进和相互制约的，新的采掘工艺要求新型机械设备与之相适应，而采掘机械的发展又将促使采掘工艺的革新。

近年来，国内炸药管制日益严格，雾霾治理力度加大，城市及基础设施（高铁、油气、管道等）附近矿区的爆破作业受到很大限制。随着采矿条件越来越恶劣，很多矿山无法满足爆破开采的需求。随着机械设备的快速发展，其开采成本正在逐年下降，有的甚至低于爆破开采成本。科学有效地采用机械采掘技术，对提高矿产资源的利用率，延长矿山服务年限，缩短井下作业线，协调采掘顺序，改善井下管理条件及时处理空区，维护井下作业安全，以及露天矿环境保护和土地恢复治理等，都具有非常积极的作用。

第一节 机械采掘技术与智能采矿

一、机械采掘技术分类

机械采矿方法又称连续采矿方法，是在井下矿房回采过程中，不用凿岩爆破方法崩落矿石，而是用其他手段（如切割、冲切、胀裂等方法）来崩落矿石的采矿方法。

南非、澳大利亚一直致力于机械采矿方法的研究，南非采矿研究院从 20 世纪 60 年代就开始进行机械采矿的试验研究，美国、挪威等一些采矿业发达的国家从 20 世纪 70 年代也开始研究发展机械采矿技术。

（1）露天机械采掘技术：露天机械采掘技术主要采用露天机械采矿

机技术，源自筑路施工领域路面的铣刨机。

（2）井下机械采掘技术：井下采掘主要使用井下煤矿开采的综合机械化采煤技术（简称综采），使用的主要机械设备是采煤机。但在井下金属矿类机械开采中，通常采用采矿劈岩机开采薄矿脉或赋存条件复杂的贵重金属、稀有金属和有色金属矿体。

（3）巷道掘进技术：巷道掘进技术主要采用巷道（隧道）开挖机械掘进机，源自岩石开沟机的原理。

二、露天机械采掘技术

露天机械采掘技术无须穿孔、爆破和初级破碎并具有良好的选采性能，目前广泛用于露天煤矿、非金属及金属露天矿山的开采。经国内外露天煤矿生产实践证明，该技术能有效地开采薄煤层，避免爆破引起的煤岩混杂，选择性地进行煤矿开采，减少碎石混入量，最大限度地提高薄煤层回采率。

机械采矿技术的典型设备为露天采矿机。目前，在世界上生产露天采矿机的企业有 20 多家，如法国的 Wirfgen 公司、Krapp 公司，奥地利的 VASM 公司，美国的 Huro 公司、Vemeer 公司等。20 世纪 80 年代，露天采矿机在一些国内露天开矿中开始使用，目前已应用于世界范围内的上百座矿山，其使用率呈上升的趋势。

三、井下机械采掘技术

井下机械采掘技术普遍采用的是综采工艺，其设备为“三机一架”，即采煤机、刮板运输机、掘进机和液压支架，其中采煤机是龙头设备。

综采是目前井下煤矿开采的最佳方式。国际上发达国家已经实现 100%的综采。近几年，俄罗斯、波兰、美国、英国以及德国等主要产煤国均实现了综采开采方式，其综采率均高于 85%，而国内综采率为 44%，随着兼并整合于 2015 年提高到 65%。

在井下金属矿类薄矿脉机械开采中，劈岩机采矿工艺应用得较广泛。

四、巷道（隧道）掘进技术

巷道（隧道）掘进机的结构组成、功能及类型如图 0-1 所示。

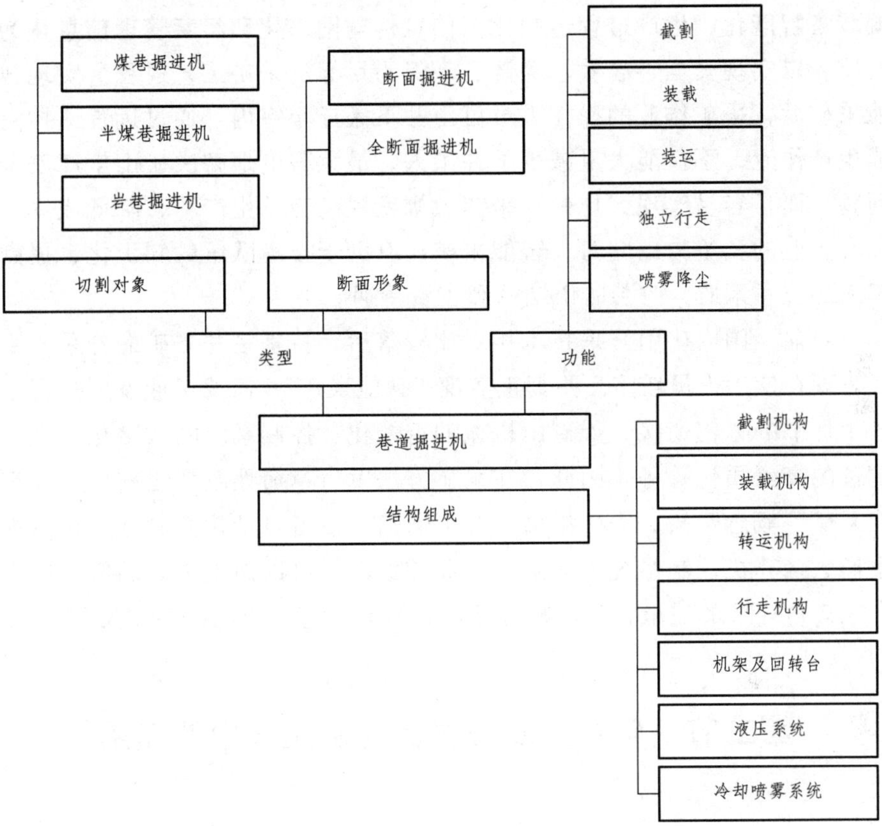

图 0-1　巷道（隧道）掘进机结构组成、功能及类型

目前，悬臂纵轴式掘进机在煤炭行业得到了广泛的应用。其中，截割功率为 200 ~ 360 kW 的硬岩掘进机得到了较大的发展应用。国内生产硬岩掘进机的厂家有佳木斯煤机、三一重装、上海创力、林州重机及北方交通重工等一大批公司，并在硬岩掘进机方面都取得了较大的成功。

五、智能采矿

在建设过程中，需要考虑安全、绿色、效率、经济等多方面的因素。目前，数字化、信息化、无人化、智能化及绿色开采是矿山采掘技术发展的几种方向。其中，无人化与智能化的“智能采矿”方式是矿山采掘技术发展的必然趋势。

所谓“智能采矿”是指在矿石开采过程中，以开采环境数字化、采掘装备智能化、生产过程遥控化、信息传输网络化和经营管理信息化为特质，以实现安全、高效、经济、环保为目标的采矿工艺过程。实现智能采矿后，采矿作业的操作人员可由井下搬迁至室内，通过远程遥控完成生产作业，不仅能大量减少下井工人，最大限度地解决矿山生产安全问题，而且容易实现大规模开采，大幅度提高劳动生产率，降低成本，提升企业的竞争力。同时，智能采矿还有助于技术队伍的知识化，提高工人的技术素质，改善队伍结构和工资待遇。

目前，国内矿山开采技术相对比较落后，特别是井下矿的开采，主要表现在使用人员较多。要真正实现“智能采矿”，需要矿业发展过程中各个环节的紧密衔接，如矿山机械的智能化、控制系统的数字化、人员配备的高素质化等等。因此，在采矿方法发生革命性改变之前，由“智能采矿”概念牵头，采矿机械、井下通信、设备自动化控制、远程遥控生产、计算机控制系统等非采矿专业辅助设施可以做出更多的努力以配合采矿各环节的需求，我国矿业才能得到真正意义上的跨越式发展。

第二节　矿业开发在国民经济建设中的作用

矿产资源的开发利用极大地推动了人类历史的发展和社会文明的进步。人类的历史是矿产资源开发利用的历史，是科学技术发展进步的历史。矿业是国民经济的基础产业，矿业资源是人类赖以生产和发展的物质基础。

一、矿业开发是国民经济建设的基础

矿石是国民经济建设中各个部门所需的重要原料和燃料，与人们的衣、食、住、行有着密切的关系。对冶金工业而言，矿石是它的主要原料。例如，炼 1 t 钢，需要 3～4.5 t 铁矿石和若干辅助原料，炼 1 t 铜平均需要开采 150 t 矿石。至于冶炼 1 t 与尖端科学技术发展有密切关系的

稀有金属，所需的矿石远远超过此数。由此可见，只有抓好矿山的建设和生产，才能为我国的“新四化”建设打下坚实的基础。

二、矿石破碎工艺是矿业开发的基础

矿业开发的根本任务就是要将矿石从矿体或岩体中破碎下来。要破碎矿石就需要消耗能量，虽然人们曾经企图用机械能、热能、电能以及其他能量来直接破碎矿石，但是实践证明用上述这些能量来大规模破碎矿石，不但效率低而且往往是不可能的。迄今为止，用炸药爆炸释放的能量来破碎矿石，特别是破碎坚硬的矿石是目前唯一高效的一种能量。这是由于炸药中所含的能量密度大（例如一个矿山常用的重 200 g、长 150 mm 的二号岩石铵梯炸药药包，爆炸时所释出的理论计算功率约为 158×10^{7} kW）、体积小和使用方便。在使用炸药爆炸所释出的能量来破碎矿岩时，首先要在矿岩中钻凿一个炮孔，然后将炸药装入其中，进行爆破，整个施工过程叫作钻眼爆破。

在金属矿山的采掘中，钻眼爆破是井巷掘进和矿石回采中的主要作业工序，它不仅需要的时间长、费用高，而且它的破碎质量直接影响装载、运输、破碎效率和矿石的最终成本。例如在掘进竖井时，钻眼爆破所花费的时间约占整个掘进循环时间的 1/4；在掘进平巷时，此时间占 50% ~ 60%；在回采矿石中，几乎大部分时间都耗费在它上面。钻眼爆破的费用约占采矿成本的一半。因此，不断提高钻眼爆破的效果以及找寻其他低成本高效率的矿石破碎工艺是矿山工作的责任与任务。

第三节　国内外机械采掘工艺的发展现状和发展趋势

一、国外机械采掘工艺现状

20 世纪 80 年代，机械露天采矿工艺在一些国家的露天矿开始使用，发展至今既可以作为露天矿山的主要采矿工艺，也可作为辅助工艺处理薄矿层、薄夹石层。目前，世界上生产露天采矿机的企业有 20 多家，主要有德国的 Wirtgen 公司、Krupp 公司，奥地利的 VASM 公司，美国的 Huro 公司、Vemeer 公司等。露天机械采矿实例如表 0-1 所示。

表 0-1　国内外露天机械采矿实例

矿名及采用设备	投产时间	矿岩名称及赋存条件	生产能力	块度质量及供应厂站	成本	备注
南非格拉纳英博斯科尔矿	1984 年	石膏矿	220 t/h，平均 160 t/h	90% 的粒度在 30 mm 以下，8% 的粒度在 40 mm 以下，2%的粒度大于 60 mm	平均成本为 0.75 马克/t	
澳大利亚 FMG 集团露天铁矿项目（皮尔巴拉地区）	2005 年	主要开采的铁矿石为水平赋存，密度 2.6 t/m^3	一次作业中完成采掘、破碎和装运工作	高效的选采矿物，省去了初碎环节	可以降低大型设备整体投资的 50%	抗压强度 4 MPa
美国某褐煤露天矿	1979 年	煤层 A、B、C、D 层，传统工艺开采较厚的下部 2 层煤	后来改用露天采矿机开采，实现了煤层选采，上部薄煤层 A、B 也可以开采	原煤发热量提高到 12.33 MJ/kg		
中国神华北电胜利能源有限公司的胜利煤田西一号露天煤矿	2009 年	主要可采煤层为 5#、6#煤层，倾角一般小于 5°，5#煤层平均厚度为 18.16 m，6#煤层平均厚度 36.64 m	设计生产能力 2×10^7 t/a	开采煤粒度 97%小于 100 mm，直供地方电厂	成本为 2.88 元/t	
浙江万象集团新疆硝石矿	2014 年	硝石矿较普遍（40～50 MPa），中间夹杂鹅卵石（90～200 MPa），上面有一层坚硬的壳硬度（80～90 MPa）	平均小时产量 400～500 m^3			

续表

矿名及采用设备	投产时间	矿岩名称及赋存条件	生产能力	块度质量及供应厂站	成本	备注
冀东水泥江津矿山，采用美国威猛公司露天采矿机技术	2014 年	主要为碳酸岩，其次为泥岩、钙质泥岩属坚硬、半坚硬岩石	设计开采能力 3×10^6 t/a		投资：传统 3 000 万元，免爆破 2 190 万元；单位成本：传统 9.81 元，免爆破 8.04 元	
中国港湾工程有限公司，采用泰斯美克对硬岩集破碎、采掘等工艺环节于一体的机械露天采矿机技术	2012 年	岩石（R_C 为 30～80 MPa）	单次剥离深度 40～50 cm，平均生产率 120 m^3/h，中低硬度区域 200 m^3/h		挖齿消耗每小时不到 1 个	

注：① 国外：印度的煤矿、智利的钠硝石矿、俄罗斯的金刚砂矿使用露天采矿机采矿工艺。

② 国内：在新疆的一些矿山，与机械采掘技术相关的一些设备也先后开始试生产。利用这些设备基本可以实现矿山稳定粒度、高回采率和低成本生产。

二、国内机械采掘工艺现状

一直以来，国内外露天煤矿的煤、矸选采技术为一大难题，尤其是多煤层和比较坚硬的煤、矸互迭层的复合煤层的处理，传统的开采工艺往往需预先爆破，造成爆破后煤、矸混杂，在选采时不但损失了煤炭资源，也提高了含矸率，降低了煤质。露天采矿机工艺不经穿孔爆破，就可以进行煤、矸选采工作，同时也可省去一级破碎环节。另外，当煤层较薄时，露天采矿机可以通过控制开采深度来保持煤层底板的完整性，从而降低毛煤的含矸率，很大程度上解决了选采和爆破的难题，应用前景广阔。

对于国内的露天煤矿，多煤层结构比较复杂的有霍林河露天煤矿、准格尔黑岱沟露天煤矿、胜利露天煤矿等，应用露天采矿机可对煤层中多达十几层的煤、矸互迭层进行选采作业。另外，霍林河露天煤矿、安家岭露天煤矿、武家塔露天煤矿等煤硬度较大的矿山，有时为了保护煤层底板避免穿孔爆破情况下的破坏，都可采用露天采矿机工艺来进行作业。

三、国内外采掘工艺发展趋势

展望未来，针对不同地点、不同开采对现象的特点，采用不同开采工艺，并组成综合工艺，以实现优化开采效果，已成为当代露天煤矿主要的发展趋势。采用半连续开采工艺进行露天矿山剥离和采矿，坚持对优势煤炭资源实行集中化开采，实现大规模生产的经济效益，实行大集团经营战略，实现高度集约化经营，已成为当代露天煤炭开采发展的主流。充分利用矿产资源、深入研究露天采矿与生态重建一体化等新理论、新方法与新技术问题，因地制宜，实现露天煤矿大型化、集中化的飞速发展，已受到众多有识之士的普遍关注，也是所有当代露天煤矿人的共同目标和必然结果。露天采煤大型化、集中化如图 0-2 所示。

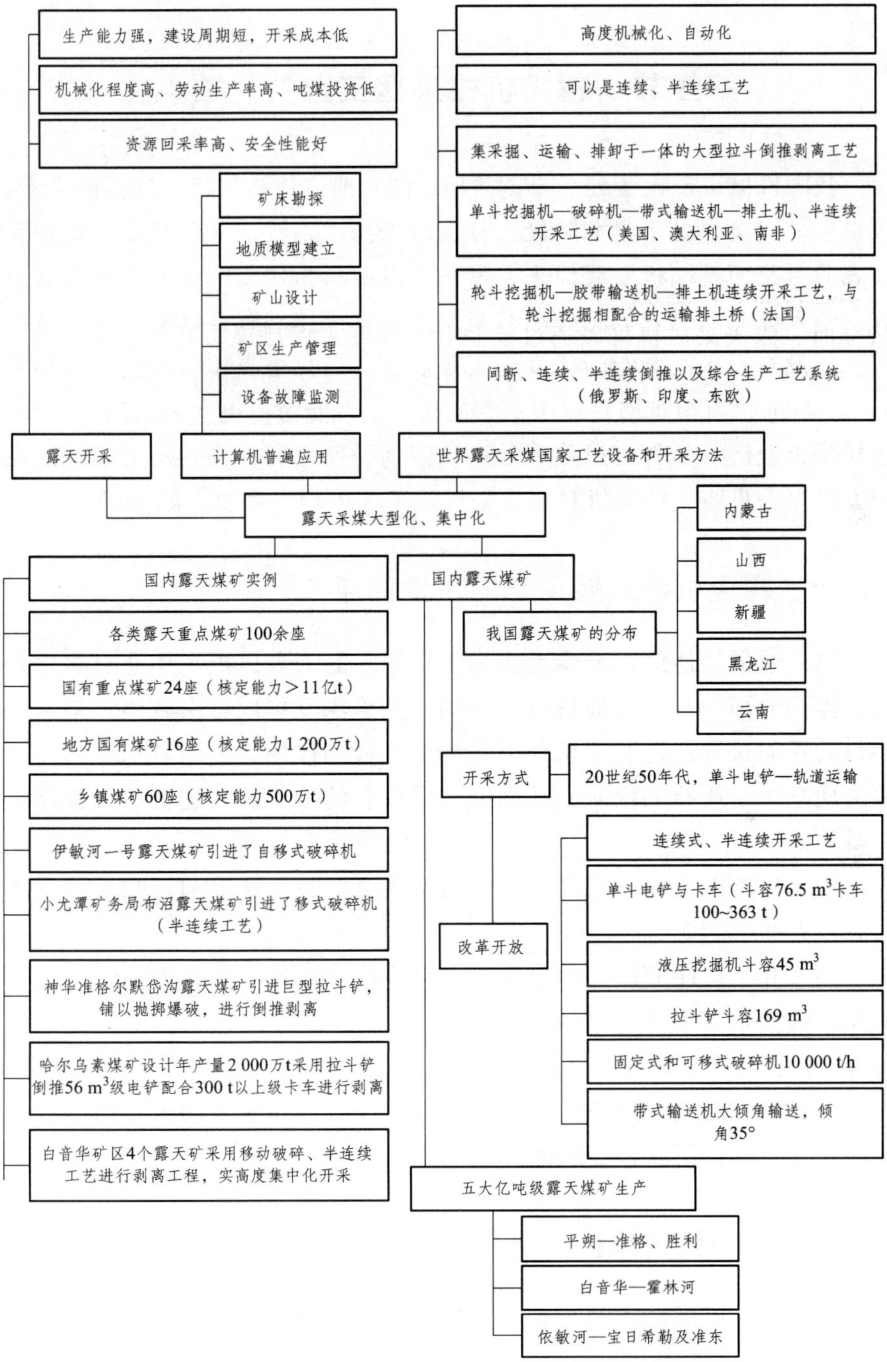

图 0-2　国内外露天采煤大型化、集中化框架图

第四节　露天机械采掘工艺的优缺点

我国机械采矿设备处于早期阶段，四年前袁瑜就提出：就目前来看，机械采矿设备仍处于早期阶段，存在两条技术路线，一条是以维特根为代表的由路面铣刨机发展而来，另一条以威猛为代表的由开沟机发展而来，令人惊奇的是它们的外形都与原型基本保持一致，这似乎说明这些厂商还没有投入巨资专门研发露天采矿机，而只是当作一种衍生产品。那么，目前也就很难回答以下这些问题：是否能做得更大来提高生产率，这样是否经济，是否可以更高效地切削高硬度岩石，能否有更经济的动力方案等。肖明、杨振凯对露天采矿机工艺进行了优缺点的分析。

一、露天机械采掘工艺的主要优点

（1）选采性能好，减少毛煤加工费用。露天采矿机在作业过程中是从矿体的表面一层一层地进行开采的，刨采深度可以自由调整，被选采物料的界面位置通过装于机体下部的射线视测仪精确地测量出。由于大幅度地减少了废石的混入，从而减少了矿石的加工、洗选费用，提高了矿石的质量。

（2）生产能力大。露天采矿机具有较高的行走速度和切割速度，故具有较大的生产能力。

（3）开采工序简单。由于露天采矿机的开采过程具有破碎的特点，从而可以集采、破碎于一身，省去了穿孔、爆破、一次破碎等与之相关的辅助作业环节，使生产工艺变得简单，利于管理。

（4）对采掘物料适应性强。由于设备装有大功率发动机，适于挖掘坚硬煤、岩石，切割岩石硬度通常可达 8（80 MPa）。

二、露天机械采掘工艺的主要缺点

（1）工艺所需动力均为柴油，柴油消耗量较大，尾气对环境污染较大，采掘成本较高。

（2）露天采矿及工作装置切削转子位于机身下部，当开采至端部时，将发生死区，需转向或采用辅助设备处理死区，影响设备效率。

（3）工艺在煤层厚度不大、夹矸层数多、赋存稳定且范围较大的开采技术条件下优势明显，在厚煤层、局部发育煤层的条件下，优势不明显。

第五节　井下煤矿机械采掘和智能化矿山

一、我国煤炭开采现状

目前，我国的能源结构特点是富煤、贫油、少气，煤炭占我国能源的70%左右。而根据煤层和埋藏深度，90%以上需要井工开采，其中薄煤层又占20%的储量。

据有关资料，截至2015年，美国煤炭年产量约为10亿吨，产业工人约有10万人。我国煤炭年产量约为37亿t，产业工人约有525万人，其中井下一线工人有304万人，我国煤炭产量是美国的3.7倍，产业工人却是美国的50多倍。美国过去10多年来煤矿百万吨死亡率长期控制在0.1以下，特别是近几年来，其煤矿百万吨死亡率已降至0.03；澳大利亚煤矿百万吨死亡率甚至才为0.014左右；而我国百万吨死亡人数则较高。因此，用人多导致我国煤炭行业工效和安全生产水平与世界发达国家相比，仍存在较大差距。

另一方面，用人多、工效低也使我国煤炭生产平均成本居高不下，难以与“虎视眈眈”的进口煤抗衡，而成本低正是进口煤得以抢占我国国内煤炭市场的主要竞争力。

二、煤企大型化发展趋势

1. 煤炭消耗量在能源生产中长期增长

“十一五”期间，全国新建煤炭企业的投资总额2 500亿元，其中煤矿设备投资占35%，约为880亿元。“十二五”期间，新增可采煤炭资源430亿吨，以山西、陕西、内蒙古、新疆、河南、河北、山东和安徽为重点区域，建成现代化矿井140个，其中深井煤矿16座。新建煤矿投资预计增加12%，实现投资总额可达3 000亿元，其中设备投资为1 000多亿元。在井下煤矿，综采设备（三机一架）无疑是投资重点。

2. 已有煤矿生产设备的更新和增产

“十二五”期间，为了提升井下煤矿的生产能力和煤炭产量，必须加速实现煤炭企业现代化。把井下煤矿的 100 个普采工作面升格为高档普采工作面，把 100 个高档普采工作面升格为综合工作面，所涉及的技改项目，均需投资 150 ~ 160 亿元。目标实现后，大型煤矿的机械化程度达到 95%，中型煤矿的机械化程度已达到 85%。全国已建成 10 个年产 1 亿吨的特大型煤炭企业，10 个年产 5 000 万吨的大型煤炭企业，30 个年产 1 000 万吨的大中型煤炭企业。这些企业的煤炭产量已占全国总产量的 90%以上。

3. 淘汰落后产能，生产工艺现代化

我国的地方小煤矿星罗棋布，总产量所占比例较大。同时，一般矿山规模较小，产能低下，设备落后，操作烦琐，生产安全状况很差。“十二五”期间，已在重点产煤省区完成地方小煤矿的整合工作，整合后矿山生产机械化水平已经达标，机电设备的更新换代是核心工作。据初步测算，全国煤矿整合总投资已超过 600 亿元左右，其整合工作部署如表 0-2 所示。

表 0-2 部分省区地方小煤矿整合工作部署

省份	现有年产 90 万吨以上的煤矿个数	整合后实有的煤矿个数	整合后煤炭总年产量/亿吨
山西	980	100	10
陕西	296	100	6
河南	213	80	2.5
内蒙古	352	100	12
山东	283	80	2.5
安徽	198	80	1.8
新疆	165	60	2.5

煤炭业是我国的支柱产业之一，先进的矿业装备是实现煤矿高效高产的重要手段。因此，政府制定了大力发展煤矿装备制造业的基本政策。这一举措是与我国成为经济大国和经济强国密不可分的，政府对煤炭生

产和矿业装备制造业的支持只会加强，不会减弱。煤矿设备技术发展和产品市场开拓，具有广阔的空间，煤炭生产企业和矿业装备制造行业均应抓住这一机遇，审时度势，科学发展，制订可行规划，去实现更好的社会效益和经济效益。

三、井下采煤的智能化发展趋势

就眼下的煤炭形势而言，大家一致认为的观点是煤炭行业整合推动了综采设备的快速发展。

综采是目前井下煤炭开采的最佳方式，国际上发达国家已经实现100%的综采，我国在“十二五”期间，综采率已经得到逐步提高。综采对设备要求很高，需要设备之间协同、稳定和可靠运行，迫使煤机企业需要提高提供综采成套化设备的能力，以满足煤炭企业开采的需要。同时，综采成套化也大大提高了产品售后服务的质量，有效地帮助相关煤机企业在激烈的招投标竞争中获得优势，增加利润空间。为了满足煤炭企业的需求，各主要煤机企业纷纷通过兼并重组或者自主研发提升自身在总综采成套化方面的竞争力，从而获取更高利润。

由于综采在我国井下逐年提升，“三机一架”的设备也逐渐提高。2016年，国内掘进机已达到 5 800 台左右，年复合增长 20.4%。2016 年，国内采煤机已达到 2 500 台左右，年复合增长 21.4%。刮板机已达到 1.5 万台左右，年复合增长 21%；液压支架已达到 24 万架，年复合增长 21.5%。

近年来，随着行业整合兼并，综采工作开采方式继续有序地在扩大。

信息时代，人们接收信息的途径越来越多元化。智能终端的普及，加速了信息的传播，无论是信息共享，还是移动办公，人们的生活越来越离不开网络。信息时代的调整发展指明了各行业已向着智能化、无人化、全球化和非群体化发展的大趋势，人们的生活已步入了信息时代的快轨。

同样，采矿业作为我国重工业发展的支柱行业，也逐渐向着智能化方向迈进。其中，自动化无人工作面开采是井下或危险环境采矿的发展方向，也是保障工作面安全开采的有效途径。综合运用采矿学、自动化技术、通信技术、计算机科学与技术等，进行自动化无人工作面开采的基础理论研究和新技术、新装备的开发，更有助于推进中国采矿业向智能化发展。

中国工程院院士古德生教授曾表示："我国要在 2050 年达到发达国家水平，就我国矿业目前的发展水平来看，如按人类发展史——先工业化，后信息化，则金属矿业现代化过程仍需要 60 ~ 80 年的时间。如果不实现跨越式发展，便难以实现国家工业化、城市化的发展进程。而选择工业化和信息化融合的发展道路，我国矿业则可以发挥后发优势，快速提升矿业国际竞争力。"因此可以推论，"智能采矿"将是矿业未来发展的重要趋势，并将逐渐成为主流。

四、机械采掘设备的智能化发展趋势

回顾采矿历史，生产率的阶梯形增长主要就是由设备的进步而产生的。在过去的 20 多年里，采矿智能化程度得到快速发展，极大地改变了采矿方法和工艺，推动了采矿技术的发展。

智能化开采是指在不需要人工直接干预的情况下，通过采掘环境的智能感知、采掘装备的智能调控、采掘作业的自主巡航，由采掘装备独立完成的回采作业过程。智能化开采是在机械化开采、自动化开采基础上，信息化与工业化深度融合的矿山开采技术变革。因此，智能化开采具有采掘设备具有智能化的自主采掘作业能力、实时获取和更新采掘工艺数据（包括地质条件、岩层变化、设备方位、开采工序等）、能根据开采条件变化自动调控采掘过程等技术内涵。当智能化采掘设备与自动调度决策集为一体，即形成无人化开采工作面。

当前，随着微电子技术和卫星无线通信技术的飞速发展，采矿设备在开发和应用方面的智能化进程将逐步升级。无论在露天矿还是在地下矿，无人驾驶程式化控制和集中控制的采矿设备，已经进入实际应用的阶段。在今后的 20 年里，完善的自动化和信息技术将会在采矿设备中得到更广泛的应用，也将会在更大程度上改变采矿方法和提高采矿技术水平。

中国煤机行业的煤机设备从无到有，由弱到强，也逐渐成为一个独立完整的体系，构成了国民经济发展中不可或缺的重要组成部分。2010 年，中国煤机全行业整机制造企业数量超过 600 家，而配套设备企业更是多达 2 000 余家。煤机销售收入超过 600 家，大批民族煤机行业乘势崛起，自主研发的许多产品创世界纪录，并填补该项空白，带动了整个煤机行业的振兴。表 0-3 展示了我国采掘设备从无到有的历程。

表 0-3　1951—2013 年我国部分煤矿采掘类产品的发展历程

年份	煤机名称	煤机制造或使用单位
1951	中国第一台刮板输送机	张家口煤矿机械有限责任公司
1972	中国第一台液压支架	北京煤矿机械有限责任公司
1982	中国第一台 300 kW 液压牵引采煤机	西安煤矿机械有限公司
1985	首次向美国出口成套液压支架	北京煤矿机械有限责任公司
1992	中国第一台铸造刮板输送机	张家口煤矿机械有限责任公司
1994	中国首次向印度出口两套综采成套设备	平朔矿区投入使用
2005	① 首套年产千万吨工作面综采放顶煤成套设备； ② 首台 ZY10400/30/65 型大采高液压支架研发成功	
2006	① 国内放顶煤综采成套设备和技术首次出口俄罗斯； ② 首套 SGZ100/3×700 长远距重型刮板输送设备在神华矿区投入使用； ③ 正式签署协议收购英国帕森斯公司制链技术设备	
2007	① 中国帕森斯公司首次向澳大利亚出口大规格矿链条； ② 首台物探式掘进机在石家庄煤矿机械有限责任公司下线； ③ 首套 ZY4800/06/16.5D 型极薄煤层电液控制液压支架	石家庄煤矿机械有限责任公司 铁法矿区投入使用

续表

年份	煤机名称	煤机制造或使用单位
2009	① 首台 MG1000/2550-GWD 大功率电牵引采煤机； ② 首套 SGZ1250/3×12000 智能化综采工作面刮板输送设备	西安煤矿机械有限公司研制成功 陕西北矿区投入使用
2010	首套 ZF15000/28/52 型特厚煤层大采高综放液压支架	大同矿区投入使用
2011	① 首台 ZFY12000/28/60 型大采高放顶煤液压支架研制成功； ② 首套最宽、功率最大的 SGZ1400/3×160 智能型刮板输送设备出厂； ③ 首套国产薄煤层全自动化工作面成套设备研制成功	唐山沟煤业公司投入使用
2013	成套工作面液压支架	出口澳大利亚

五、我国智能化矿山建设存在的问题

智能矿山是新一代采矿技术竞争的核心，智能矿山建设以信息化、数字化、自动化为手段，以无人化采矿为目标，为提高劳动生产率，减少煤矿井下作业人员，促进我国煤矿安全高效生产提供了新的途径。

1. 目前我国煤炭企业在智能矿山建设中存在的问题

（1）缺乏规范和前瞻的规划，经常出现前期建设和后期建设相冲突的问题，现象十分严重。

（2）未构成煤矿生产全程的数字化链条，数据流仍未贯通矿山勘探规划、采矿设计、生产管理、安全监控、风险分析、应急响应全过程，业务流与管理模式没有得到根本改变。

（3）我国煤炭资源丰富，煤矿数量较多，生产条件差异较大，尤其是一些老矿区，地质条件复杂，五大灾害俱全，巷道系统复杂、智能矿山建设难度大。

2. 目前智能矿山建设的水平

根据相关文献研究表明，近年来，煤炭企业围绕自身发展实际，不断深化和延展智能矿山的内涵。从数字矿山到智慧矿山、感知矿山，均以信息化、数字化和自动化为核心，可以说智能化已从传统业务管理扩展到了资源环境管理、采掘生产、洗选加工、煤矿安全等各个方面。但是，“两化”整合和智能矿山在我国煤矿的发展很不均衡。这种不平衡不仅体现在国有大矿和小煤矿之间，国有大矿和国有大矿之间的差距也很明显。

因此，目前煤炭企业对“两化”深度整合型智能矿山的理解和实践的差异很大。但实际上，大多数人均不认为自己能清晰地说出它的准确定义，只是有一个比较一致的方向，即信息化、数字化、自动化和智能化。

3. 智能化矿山建设是一个典型的多学科技术交叉领域

（1）智能矿山采用先进的信息感知、数据处理、网络传输、智能控制等技术，使煤矿生产、经营和管理的各个环节、各种要素实现数字化和可视化，各项业务流程实现程序化，同时实现采矿过程实时控制、矿山资源实时管理、矿山信息实时处理。

（2）智能矿山建设涉及采矿科学、信息科学、管理科学、人工智能、虚拟现实、运筹学、网络技术、软件技术、监测技术和控制技术等，是一个典型的多学科技术交叉领域。

4. 我国煤矿智能矿山的发展阶段

由于认识和实践的差别，以及发展的不均衡性，煤炭行业“两化”整合发展水平总体处中级水平阶段。因此，可以说煤炭行业智能矿山的发展经历了以下 3 个阶段：

（1）矿山信息化阶段：以实现矿山各业务的信息化管理和机械化采煤为标志。

（2）矿山数字化阶段：以数字的形式呈现，以实现矿山虚拟现实、自动化采煤为标志。

（3）矿山智能化阶段：以对矿山自动感知、分析和智能化决策并实现远程控制的智能化开采为标志。

六、智能矿山建设思路

推行智能矿山建设应当说是必然之路，我国煤岩行业安全性水平和生产效率之所以与先进国家存差距，基本原因就是我国多数煤炭企业尚处于劳动密集型阶段，企业用工多，尤其是井下作业人员多，但机械化、自动化、信息化水平低。当然，经过前几年的调整、兼并重组，推动生产方式向大型化、机械化方向转变，安全生产突显好转，劳动生产率有较大提高，现在应当坚持“两化”整合，推进智能矿山建设。

推进智能矿山建设，必须结合企业自身条件，优先设计智能矿山建设总体方案，在总体方案的指导下，制订专项方案，并按照总体方案和专项方案的要求，有步骤、分阶段开展建设工作，实现分散建设向集成化方向的跨越。

煤炭行业和企业应该围绕矿山的无人开采、企业的智能管理和高效安全运营这一总体目标，从 5 个方面提升“两化”深度融合型智能矿山的建设水平。① 在横向覆盖范围方面，可从单个工作面向单个煤矿，再向煤炭企业集团甚至整个矿区延伸；② 在产业领域延伸方面，从煤炭生产的信息化向煤矿生产经营的信息化，再向煤化工、煤电、物流等整个产业链的信息化延伸；③ 在应用系统集成程度方面，从专业系统集成向部分业务局部集成应用，再向相关系统全面集成应用拓展；④ 在操作手段方面，从人工近距离操作向无人远程遥控，再向系统自适应调控延伸；⑤ 在发展层次方面，从技术应用向更高层次的商业模式创新提升。

多次探索均证明，这种基于顺槽监控中心可视化远程干预的智能化开采模式能满足地质条件较好的煤层，尤其在薄及较薄煤层效果最好。但是若想真正实现全智能化开采，还需要进一步解决煤岩识别、采煤机自主定位，以及工作面直线控制等问题。

除此以外，其他智能矿山需要解决的技术难题包括：① 安全信息分布式传感与生产过程协同控制；② 受限异质空间传感网实时传输及动态组网；③ 多传感器融合；④ 智能化无人开采专家系统等。

超越技术层面，智能矿山建设还有理念和投入问题。即使煤炭企业明白智能矿山是新一代采矿业技术竞争的核心，但也未必会立刻大力投身其间，尤其是对已建成生产煤矿的改造，必定会在投入的规模、实施的难度与能够产生的效益之间权衡利弊。以当前煤炭行业的市场形势看，智能矿山建设的投入会是个大问题。

七、智能化矿山开采应用实例

1. 锦界煤矿智能矿山建设

神东煤炭集团锦界煤矿位于陕西省神木市境内，年产 2 000 万吨，只有职工 1 000 人。该煤矿工作面的“三机”可以远程启停，井下胶带在运量不均衡时会自动调速，从而节约用电、减少损耗，300 台分散小水泵也全部实现了远程监控、无人值守，井上、井下各种数据和监控画面汇集到调度中心，调度员轻点鼠标即可指挥生产作业。

2. 红柳林煤矿智能矿山建设

陕西省神木市、陕西煤业化工集团神南公司红柳林煤矿是全国煤炭行业两化深度整合智能矿山。该矿的综采成套装备智能系统由天地科技股份有限公司作为制造商、红柳林煤矿作为示范用户联合攻关完成。该系统融合了采煤机智能记忆割煤、液压支架跟机自动化、运输系统煤流负荷平衡、智能集成供液、远程遥控等高新技术，实现了正常连续生产过程中采场无人操作，使工作面作业人员由过去的 14 人减少至 5 人。

2013 年，产煤 1 800 万吨的红柳林煤矿职工仅有 915 人，年吨煤完全成本仅为 108 元。即便在全行业一片萧条的现在，该矿仍然保持着较强的盈利能力。

实践证明，推进煤炭行业“两化”融合与智能矿山建设，是促进结构调整、转变煤炭经济发展方式、提高发展质量的需要，是建设特大型现代化煤矿的必然选择，是提升煤炭工业发展科学化水平的必然要求，代表了煤炭工业先进生产力的发展方向。中国煤炭工业协会会长王显政认为，特别是在当前煤炭经济下行的形势下，推进“两化”深度融合型智能矿山建设，对于切实转变传统的煤炭生产经营模式具有重要意义。

3. 地下无人驾驶电机车运输技术

2013 年 3 月，中国恩菲工程技术有限公司举行了地下矿无人驾驶电机车运输技术研发成果发布会，宣布由中国恩菲自主研发的地下矿无人驾驶电机车输技术获得成功。这项技术的突破使得我国向地下无人采矿目标又迈进了一步，填补了我国乃至亚洲的一项技术空白。

采用无人驾驶电机车控制系统后，在地下集中调度室可以完成对整个运输任务的控制。在整个运输过程中，电机车大部分时间处于自动运行状态，弯道、限速区域以及卸载站等均自动降速的规定速度，条件满足时以最大允许速度运行，大大提高了电机车的安全性和运输效率。在电机车装矿阶段，控制人员在地下集中调度室通过视频辅助远程遥控完成装矿操作，取消了现场操作人员。

根据矿山总体生产需求，地下集中控制室功能也完全可以通过网络技术移至地表集中调度室完成，从而节省上下井换班时间，减少对生产的影响，增加有效生产时间。

无人驾驶电机车控制系统设有完善的保护功能，对电机车速度进行精确控制，完全可以避免超速掉轨事故；对整个运输线路进行实时监控，及时把区段占用情况发送到各个电机车控制系统，避免追尾严重事故发生；对重要保护均具备冗余保护功能，可以确保电机车运输的安全性。

无人驾驶电机车运输时完全受控于计算机系统控制，不需要电机车驾驶员；驾驶员的各种运行状态均可以实时在调度室显示；在调度室可以随时对电机车进行人工控制；通过视频辅助在调度室可以完成装矿操作；在卸矿站通过机械装置实现自动卸矿；运输环节完全取消现场操作工，从本质上解决了运输环节人员的安全问题。

该地下矿无人驾驶电机车运输系统，自 2012 年 5 月投入生产试运行到 2013 年 3 月累计运输矿量 30 万吨，单系统连续无故障运行时间 720 小时；铜陵冬瓜山铜矿-875 米中段运输如果全面采用此项技术，运输系统作业人员将由原来的 40 人减少至 8 人，维护工作和人员配备也会随之减少。鉴于该项技术的稳定性及可扩展性，冬瓜山铜矿已决定在-1 000 米中段运输系统全部采用该技术。

第六节　深部开采中的机械采掘工艺

一、深部开采的主要特点

我国很多重要的金属矿产资源都是通过地下开采方式所获得的，如有色金属矿山和黄金矿山。随着浅部资源的逐渐减少和消失，地下开采的比例将会越来越大。现有露天矿山也有逐步转入地下开采的趋势。经过几十年的开采，目前很多地下矿山均已进入深部开采或将进入深部开采阶段。

地下矿山随着开采深度的不断增加，地质条件逐渐恶化，破碎岩体增加、地应力增大、涌水量加大、地温升高，带来了深部地压、作业环境恶化、通风降温和生产成本急剧增加等一系列问题，抑制了生产能力的提高和矿产资源的回收利用。

二、深部开采中机械采掘工艺的发展

（1）应科学利用深部条件，研究采用与重构环境相匹配的高效率强化采矿工艺，实行机械化配套作业和智能操控。

（2）研究采用与深部条件相适应的支护、通风与充填工艺。

（3）探索井下抛废工艺技术及水力提升方式。

（4）结合深部开采工艺进行实时监测和安全预报，为高效强化开采提供安全保证。

（5）不同的采矿方法其相对的采矿成本也有所区别。充填法的成本相对较高，其次是空场法，成本最低的是崩落法。但充填法开采占主导地位将是地下矿山采矿技术未来的发展趋势。

（6）在采掘设备自动化程度、数字化技术发展迅速的条件下，自动化、智能化、数字化采矿技术将取代人力采矿。

（7）目前，GEMCOM 国际矿业软件公司（中国）、北京三地曼软件有限公司以及 MICROMNE（北京）国际软件有限公司均有数字化软件产品。

矿产资源的大规模开发建设，有利于提高我国的资源保障能力，增加我国在国际竞争中的话语权，但从开采技术模式和理念上应顺应矿山行业发展的领先趋势，不断强化核心竞争力。就充填采矿法而言，尽管我国应用比例还低于国外矿业发达国家，但它的应用将会是地下矿山深部开采技术发展的必然趋势，该采矿方法能够利于提高资源占有率和综合竞争力，能够实现巨大的社会效益和经济效益，推广和研究空间广阔。

第七节　金属矿海底基岩开采中的机械采掘工艺

金属矿海底基岩开采是一个新课题，引用国内外现有部分资料供同行认知、了解、参考。海底基岩开采是指在海岸线附近海底基岩矿体进行作业的开采技术。根据中南大学李夕兵教授的介绍："我国有漫长的海岸线和占陆地近 1/3 的海洋国土面，海岸线总长度 3.2 万 km，其中大陆海岸线 1.8 万 km，岛屿海岸线 1.4 万 km，海岛超过 6 500 个。与陆地一样，沿海岩辽阔的大陆架基岩内部赋存着丰富的矿产资源，在陆地浅部资源即将开采殆尽的今天，海底基岩开采与海基深海矿物的开发将成为未来我国矿产资源开发的主要对象与重点"。

一、海底基岩开采现状

1. 海底基岩开拓方法

目前，世界上只有英国、澳大利亚、芬兰和中国在进行海底基岩金属矿床开采。常用的开拓方法按照矿体距离海岸线的长度分为：海岩竖井开拓法、人工岛竖井开拓法和海底预制隧道封闭井筒开拓法。

2. 海底基岩开拓方法应用实例

（1）芬兰湾亚萨罗·克鲁瓦铁矿在朱塞索岛岸边开凿 300 m 深的主井，采掘 1 200 m 达到矿体，同时在露出海面很小的岛上开凿一个通风井。

（2）英国的康沃尔洲附近的莱文特锡矿是进行海底基岩开采的锡矿，锡矿脉离海岩 1.6 km，入口处设在海岸上，在岸边开凿竖井，采取下向梯段回采法。

（3）我国三山岛金矿新立矿区海底大型金矿床采用冷冻法在海岸边掘进主井、副井、充填井和回风井，再分别掘进中段运输平巷等开拓巷道。

二、海底基岩金属矿床开采技术特征

金属矿海底基岩的资源开采不同于海底石油与煤矿的开采，因为煤矿大多数属于水平或缓倾斜矿体，埋藏较深的海底煤矿床通常采用综放

法开采，一个区域开采完毕即进入另一区域开采；金属矿多为倾斜或急倾斜厚大矿体，多年在同一区域内开采，由于开采时间长，特别是海底开采上部为海水，开采过程中由于地应力场不断改变，若不能有效地控制好金属矿海水下开采的岩移与变形大小与速度，必将导致破碎带与上部海水层贯通，引起淹井事故，煤矿开采方法难以适应于金属矿床开采。因此，有必要在研究海底矿床开采相关岩石力学理论的基础上，针对海底基岩特殊的开采技术条件，研究海下金属矿床安全强化开采技术。

三、海底矿床安全高效开采理论与技术

海底矿床安全高效开采理论与技术如图 0-3 所示。

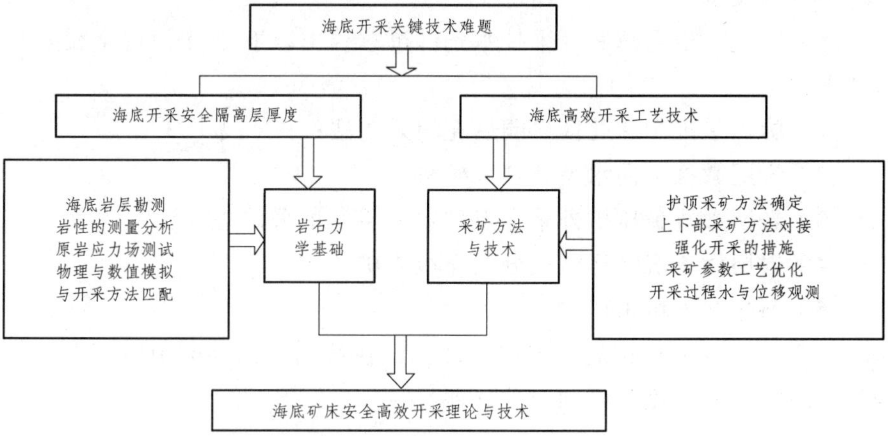

图 0-3　海底矿床安全高效开采理论与技术

四、金属矿海底基岩开采研究思路与建议

对于金属矿海底基岩开采，首先，要针对海底开采要求与技术条件，建立海底开采模拟试验平台，确定安全隔层厚度；其次，提出高效低沉降海底安全开采技术，探索海底金属矿床开采合理结构参数和最佳回采顺序，研究滨海金属矿床低沉降安全开采方法；最后，建立海底开采地下水与岩层变形安全监测系统，对海底开采岩层变形采用多点位移计进行监测，根据监测数据建立海底开采岩层变形安全监控系统，以实现海底金属矿安全开采。

五、海底基岩开采相似模拟试验结果

根据试验结果，用相似比 1∶100 与安全厚跨比公式 $H \geqslant 0.5\,nW$（n 为安全系数，取 2.0，W 为采场跨度）进行换算可得：当顶板厚度大于 40 m 时岩层不会产生突水，顶盘厚小于 40 m 后，顶板层出现突水特征；当跨度大于 0.4 m 时，模型顶板中拉应力显著增长，产生拉伸破坏。声发射系统监测结果表明，随着开挖不断进行，顶部中心附件的声发射信号逐渐增强，随后声发射信号在采场顶板不断上移，表明了顶板裂隙在逐步扩展、贯通；当开采 0.4 m 后，随着试验进行，该处声发射（AE）事件越来越多，表明裂纹在该处形成较多，并且不断出现裂纹扩展和贯通，引发顶板的突水。

综上所述，根据海底开采技术条件可总结出以下 5 个海底金属矿基岩开采方案：

（1）脉内采准中深孔落矿嗣后充填采矿法；

（2）岩层微扰上向水平充填采矿法；

（3）岩层微扰免压拱外采准点柱式分层充填采矿法；

（4）岩层微扰沉降房柱式分层充填采矿法；

（5）高进路充填采矿法。

五个方案均采用铲运机出矿，现已经在我国三山岛矿山应用良好，得到矿山客户的高度认可和一致好评。

第一篇　机械采掘设备及采掘方法

第一章　露天机械采掘设备

我国矿业与发达国家相比，最主要的问题是生产效率低、成本高、安全条件和作业环境差。此外，矿业行业创新能力不足、创新效率低也是值得关注的问题。矿业行业竞争力的提升，有赖于服务制造业的创新，例如机械采掘就是一个最好的例证。下面我们摘引了国内外在采掘机械装备中的实例，从中我们清楚地知道，露天机械采矿机源自路面铣刨机，巷道机械掘进机源自岩石开沟机。这也是创新，因为要适应新的采掘工艺，还要经过大量的研究试验工作。

第一节　百年不变的采掘工艺

现代露天采矿业在一百多年的时间里没有本质的变化，只是规模变得越来越大，各种机械的尺寸和效率也越来越高。利用硝酸铵类廉价的炸药在爆炸瞬间释放的能量来挤压、拉裂脆性的岩石成为最重要的步骤，利用台阶的高度，只要破坏了台阶底部岩石，上部也会被破坏，这是非常高效的破碎方法。然而，在一些地方，随着采矿条件越来越恶劣，爆破无法满足精细化开采的要求，还有一些场合由于环境限制无法实施爆破。

为应对这些难题，机械采掘技术应运而生，路面铣刨机的技术被移植到露天采矿上，用旋转的硬质合金刀头直接切削岩石使其成为小块崩离岩体，从传统的“钻—爆—铲—运”的角度来看，这些无疑是种“奢侈”的采矿方法。

虽然机械采矿中不能用炸药进行爆破，而且开采深度仅有数十厘米，但采矿设备有着爆破开采无法比拟的灵活性和精确性。随着对精细采矿的要求越来越高，通过提高整体的开采率及节省破碎成本，机械采矿设备能够弥补自身在切削岩石方面的低效率。

显然，机械采矿技术与传统技术的关系是互补而不是替代。机械采矿适用于小规模、复杂环境，传统技术适用于大规模开采条件。

第二节　露天机械采掘设备的特点

安全生产，一直以来都是国家和矿山企业的关注焦点，而爆破振动引发的纠纷、潜在危险，以及炸药管理工作也一直是矿山企业生产管理的重大隐患。目前，人们亟须寻求的是一种生产效率能够与传统采矿工艺相媲美甚至更高，并且又安全可靠的新工艺、新设备。

露天采矿机是近二十余年发展起来的一种应用于露天矿山开采的新型设备，适用于开采煤、磷、铝土、石膏、石灰石、泥灰岩、黏土、滑石及其他中硬度的矿岩。其主要特点是分采效果好，采掘运输成本低（省去了穿孔、爆破和初碎环节）。目前，露天采矿机开采工艺在国外露天矿山中已经获得了初步应用，并且取得了较好的技术效果与经济效益。但是，该工艺在国内露天矿山尚未得到广泛应用，仅在个别矿山进行了试用。究其原因，一方面是国内矿山企业认识与观念方面的问题，如同当初在露天煤矿设计中以单斗挖掘机——卡车工艺替代传统的单斗挖掘机——铁路机车工艺一样；另一方面是国内大部分矿山用户对这项技术的了解程度还很欠缺；第三是国内的露天矿山地质结构复杂，有些矿山地质条件不适合露天采矿机的应用。但是，这并不意味着露天采矿机的开采工艺完全不适于中国的露天矿山，尤其是在露天煤矿和水泥矿山，露天采矿机还具有很好的应用前景。

一、露天采矿机主要生产企业

露天采矿机的主要生产企业有德国的维特根、塔克拉夫、蒂森克虏伯，美国的威猛、Huron 公司、爱斯太克集团旗下 Trencor 公司，意大利的 Tesmec 公司，以及印度的 Larsen Toubro 公司等。其中，切削单元中置的维特根 WSM 系列露天采矿机使用最多，同样切削能力条件下机器自重最低，能够避免“拱机”现象。露天采矿机开采工艺在澳大利亚、亚洲、非洲和北美地区的露天矿山中已得到很好的发展，并且取得了较好的技术效果与经济效益，也已在中国得到广泛应用和发展。

二、露天采矿机的特点

露天采矿机开采连续、工序单一、选采准确、机动灵活，能控制粒度、投资省、成本低、资源损失少、坚固耐用，设备结构简单、操作及维修方便，可称之为“全能”的露天采矿设备。露天采矿机的特性及优缺点如下：

1. 工艺简单，作业连续

露天采矿机最大的特点就是集破碎、采掘、装载等工艺于一身，开采技术简单化，且作业连续化。省去了穿孔爆破作业工序所需的钻机等设备器材及相应的操作人员（二次破碎）以及由于爆破所必须采取的安全措施，也省去了开采后平整场地的平路机或推土机等设备和相应的操作人员。

2. 选采性能好

选采性能好是该机的一个显著特点，它可通过其中置式转子的结构，逐层采掘，把不同质的煤、夹矸分别开采出来，并与顶、底板分离。其分离精度可达 10 cm，开采厚度也很小，即使是 150 mm 厚的煤（夹矸），也能顺利、经济地开采出来。另外，露天采矿机的采深可通过 γ 射线测试仪精确地测量出煤和夹矸临界的位置，以便调节其采深，因而能最大限度地避免矸石的混入及煤的损失，提高煤质及回采率。

3. 生产能力高

4200SM 型露天采矿机理论生产能力为 2 400 m^3/h。依据胜利一号露天矿的实际条件，如 6 号煤层硬度、作业线长度、采区宽度、转载设备、倾角等诸多因素的影响，计算 4200SM 型露天采矿机能力可达 10.80 Mt/a。据维特根公司实测，在印度 Mahanadi 煤矿，2200SM/3800 型露天采矿机开采能力为 10.80 Mt/a，其能力相当于一台斗容 15 m^3 的单斗挖掘机匹配一台推土机的能力，而本身自重为 51 t，是一台相同能力的单斗挖掘机的工作质量的 9 倍。

4. 适应性强

能适应比较坚硬的煤岩、各种转载设备（卡车、带式输送机）以及各种工作场地等。

5. 投资省、建设快、成本低

应用露天采矿机不仅可省掉破碎部分投资、节省或减少选煤厂的投资，而且该机由于工序单一、设备分块式安装、建设速度快，已在印度的露天矿山广泛应用。据有关数据记载，露天采矿机总成本约 2.35 元/t。

6. 存在问题

除上面提到的优点外，露天采矿机开采工艺应用中也存在一些具体问题。例如，有些作业盲区需要其他辅助设备进行处理；选择开采时煤、岩厚度的准确定位问题等。除技术问题外，还有备品备件的供应、操作技术人员培训以及引进设备的消化吸收等问题。

第三节　美国威猛“地平王”露天采矿机

一、威猛“地平王”露天采矿机简介

“地平王”露天采矿机的前身是一种为铺设管道掘沟的机械设备，在10余年前由于平整路面的需要，该设备改装加上了切割滚筒，用于修补水泥及沥青碎石路面的切削和平整工作，由此得名地平王。后来该设备应用逐渐广泛，被引入到了金属矿山、非金属矿山及露天煤矿的生产中。

威猛“地平王”的横空出世，可谓让矿山管理者们眼前一亮。它装备了卡特彼勒 441KWC18 型发动机，并以威猛公司精湛的全液压驱动技术及几十年的岩石切削经验，操作于前置式滚筒，其滚筒重达 46 t，以“自上而下”的切削技术切碎岩石，堪称“开山之王”，如图 1-1 所示。目前，该机已经广泛应用于美国、澳大利亚、智利和南非等世界矿业大国的铁矿、铜矿、石灰石矿及煤矿等各类露天矿山。

1. 特　点

“地平王”是一种具有世界先进技术的露天采矿机械，集钻孔、爆破、初级破碎于一体，是一种真正能够实现安全高效采矿的新型特种设备。“地平王”采矿工艺流程简单，采用层层剥离的方式，与传统工艺相比，使用“地平王”可以省去采购钻机、炸药、挖掘机/电铲、破碎锤等设备及材料。

图 1-1　威猛“地平王”露天采矿机

2. 工作原理

（1）“地平王”切削滚筒采用自顶向下作业，向下切割的一个特点就是滚筒旋转与行驶同向，这样履带在湿软表面就很少或者根本不会发生打滑现象。如果是自底向上切割，机器则必须拖动滚筒来穿过切削面。

（2）自顶向下切割允许切割过程中得到的粒度组在一定程度上发生变化。由于所有材料都是从滚筒下方通过的，而切齿的穿透力会随着深度的加大而降低，因此切深越大，得到的物料就越小。相反，通过减小开挖深度并提高速度（增加切齿穿透力）则可增大颗粒尺寸。

免爆破开采主要是以“地平王”为核心，辅以小型铲装设备的一种新型矿山开采技术。开采过程中，前期只需经采准剥离，然后由“地平王”自行对采场进行整平后，便可制定开采计划将采场划分为 A、B 两区，“地平王”与铲运设备分区作业，实现采、铲、运互不影响，高效率最大化，确保开采产量。

“地平王”应用激光系统控制切削深度，工作面平整。江津矿山由于前期为传统开采方式，“地平王”初次进入时，采面高低不平，利用约半月时间找平。由于江津矿山为凹陷露天负开采，整个采面必须保证有一定的角度，以利于排水，江津矿山在激光系统的控制下，很好地保证了整个采面 5°的倾斜度。采面平整后，不仅产量大幅提高，而且由于场面的平整，铲装、运输效率也大大提高，车辆的故障率明显降低，尤以轮胎消耗更为明显，矿山开采综合成本进一步降低，带来可观的经济效果。

3. 爆破开采与机械开采对比

爆破生产工艺流程：潜孔钻穿孔—装药—多排—孔微差爆破—液压挖掘机铲装—矿用自卸车运输—破碎机破碎—1.5 km 长胶带运输机运输至厂区。免爆破生产工艺流程："地平王"开采—装载机、自卸车运输—破碎机破碎—1.5 km 长胶带运输机运输至厂区。

设备投资对比：在机械开采方式下，完全取消钻机及大型铲装设备，运输设备亦小型化，投资减少，如表 1-1 所示。

开采成本对比如表 1-2 所示。

表 1-1　爆破开采与机械开采的比较

<table>
<tr><th colspan="4">爆破开采方式</th><th colspan="4">机械开采方式</th></tr>
<tr><th>设备</th><th>规格型号</th><th>数量/个</th><th>价格/万元</th><th>设备</th><th>规格型号</th><th>数量/个</th><th>价格/万元</th></tr>
<tr><td>正铲</td><td>小松 1250</td><td>2</td><td>1 400</td><td>地平王</td><td>T1255</td><td>1</td><td>1980</td></tr>
<tr><td>反铲</td><td>沃尔沃</td><td>1</td><td>100</td><td>装载机</td><td>50 型</td><td>2</td><td>70</td></tr>
<tr><td>矿车</td><td>首钢 3722</td><td>4</td><td>700</td><td rowspan="2">自卸车</td><td rowspan="2">CQ3254SMG384</td><td rowspan="2">4</td><td rowspan="2">140</td></tr>
<tr><td>钻机</td><td>阿特拉斯 ROCL6</td><td>2</td><td>800</td></tr>
<tr><td>合计</td><td colspan="3">3 000</td><td>合计</td><td colspan="3">2 190</td></tr>
</table>

表 1-2　钻爆开采与机械开采成本比较

成本	爆破方式开采	机械方式开采
人工	1	0.12
维修	0.37	
油耗	2.3	2
爆破	3.3	0
轮胎	0.34	0
折旧	2	1.75
物料消耗	0.5	0.17
铲运租赁费		4
合计	9.81	8.04

总的来说，与传统的爆破开采方式相比，"地平王"开采工艺简单，

设备投资小，铲运设备小型化，破碎产量大幅提升，运行成本低，环保效果好，对地面冲击振动小，噪声小，工作范围 15 m 处小于 89 dB，100 m 处于小 60 dB。机械开采工艺，特别是在完全取消炸药的形势下，由此而带来了一系列社会效益，没有了炸药的生产、运输、使用的危险，没有了炸药使用过程中的振动、扬尘、冲击等扰民的破坏作用，完全满足安全性高、环保好等需求。机械开采方式可做到高精准选采，能广泛用于各种类型露天矿，包括石灰厂矿、铁矿、铝土矿、煤矿，以及开采薄煤层、矿山平整场地、土建工程领域等。

4. 存在的问题

目前，“地平王”属国外设备，结构较为复杂，急需转化和吸收，从而降低采购成本；对于硬度较高的岩石产量较低；由于石灰石成品的粒径较小且含部分细粉，在雨季容易发生堵塞破碎机情况；合金高强度刀齿脱落会造成下游设备的损坏；维修保养时间较长，影响工作效率。

二、威猛 T1255 型“地平王”露天采矿机

1. 运行规格

该机采用卡特彼勒 C18Tielll 型发动机（功率达 447.4 kW）提供动力。其最大岩石开挖/粉碎深度为 68.6 cm，宽度为 365.8 cm。按照岩石状况和粒度分布的不同，产量为 300 ~ 1 600 t/h。该机在结构上分为主机和附加装置，总质量超过 107 501 kg，其中附加装置质量为 43 998 kg。

2. 双履带系统

从图 1-2，可以看出，该机配有双履带系统供采矿和运输之用；切割筒安装在机器尾部，比履带要宽；机器操作性能好、重心低，原地转弯时间不超过 30 s；可在 20°坡面上有效作业。

3. 倾斜滚筒

滚筒安装在尾部，比履带要宽，可形成边角齐整的竖直高边坡。附加装置上具有相应的装置，可实现切削滚筒与主机机体之间的相对倾斜。切削滚筒相对于主机可实现±5°的坡面，也可将其设置成自动模式，在开挖过程中保持水平。通过这种滚筒倾斜专利装置可自动开挖出平整的水

平工作面。此外，通过这一功能还可方便地对机器进行调整，采用激光或者 GPS 系统进行控制，可以开挖出沿着 1 ~ 2 个平面朝集水坑倾斜的平整工作面。

图 1-2　威猛 T1255 型“地平王”露天采矿机

4. 自顶向下切割

如图 1-3 所示，滚筒在岩面上向下切割，物料从滚筒下方通过，经机器尾部排出，这就最大限度减少了被切物料与滚筒之间的接触，从而减轻了切削齿和切削齿座的磨损，同时还最大限度减少了切削过程中一些潮湿物料在切削齿和滚筒上的黏附，具有自洁的功能。

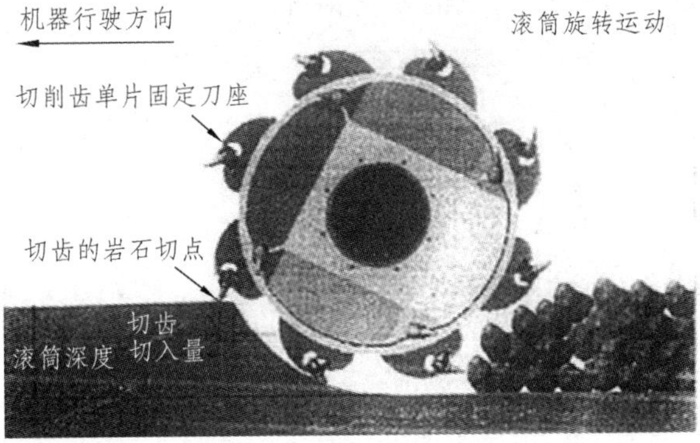

图 1-3　自顶向下切割

从图 1-3 可以看出，向下切割的一个特点，这就是滚筒旋转与行驶同向，这样履带在湿软表面就很少或者根本不会发生打滑现象。

如果是自底向上切割，机器必须拖动滚筒来穿过切削面。自顶向下切割允许切割过程中得到的粒度在一定程度上发生变化。由于所有材料都是从滚筒下方通过的，而切齿的穿透力会随着深度的加大而降低，因此切深越大，得到的物料就越小。相反，通过减小开挖深度并提高速度（增加切齿穿透力）则可增大颗粒尺寸。这并不是说能够随意更改产品尺寸，所得到的粒度组在很大程度上是与地层中岩石分布的情况有关系，对于矿层较薄的矿山尤其如此，此时开挖深度与产品粒度之间几乎没有任何关系。

与自底向上切割相比，自顶向下切割可大幅度提高切割力对岩石的作用效果。这一点在该机的初期阶段就可观察到，当时采用的是向上切割方法（类似于威猛公司生产了 40 多年的岩石开沟机），把自底向上切割改成自顶向下切割后，该机的生产速度提高了 50%。

5. *液压传动*

该机采用液压动力传动装置，传动系统中不存在变速器或者变矩器等机械连接。系统采用卸压阀来防止超载，油泵的超负荷自动零输出系统可以防止系统过热。当操作人员减小工作负荷后，机器可继续运转。

如图 1-4 所示为液压系统，其驱动轴由 2 根 D8NSALT 链条或者 2 根 5501 滚子链连接到滚筒，具体取决于应用场合。由于采用了液压系统，滚筒转速和履带行走速度均可实现无级变速，从而让操作人员可动态改变滚筒旋转运动，以适应岩石的变化情况。

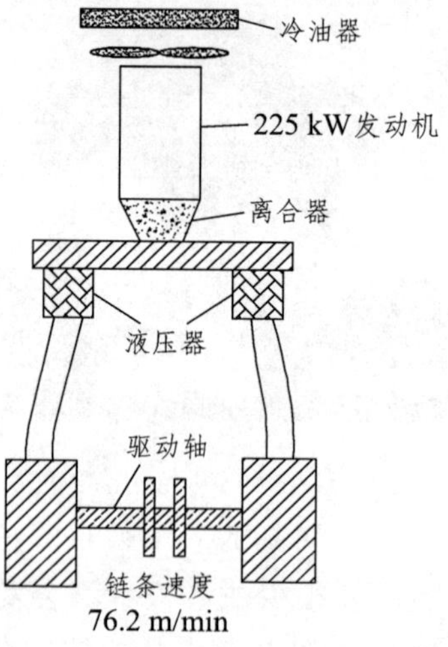

图 1-4　液压传动系统示意图

6. 精细采矿 TEC2000.2 微处理器

在确定了最优的开挖深度和滚筒转速之后，操作人员可将机器的负载控制交由 TEC2000.2 微处理器处理。该微处理器以发动机转速为控制手段，最大限度提高器的开采速度。如发动机转速降到预定范围以下，机器将停止履带行走和滚筒旋转。工作负荷条件突变时，滚筒会停止转动。TEC2000.2 微处理器可以最大限度提高采矿机器的产能，同时保护动力系统完好。

7. 激光/GPS 控制

该机可配备 1 ~ 2 台激光/GPS 接收机。系统预留了连接线，可安装任何一种系统来控制开挖深度。通过这些系统可以得到与水平面成一角度的平整工作面，采用一套激光/GPS 系统时可以得到一个平面，采用 2 套导向仪表时则可以得到 2 个成一定角度的平面。开挖工作面朝向集水坑倾斜，可令雨水从切削面排出，避免切割成品受潮，当所开采的物料遇水稀黏，或者需要得到干燥的产品以便下游加工时，这一点尤其重要。倾斜/双向平整如图 1-5 所示。

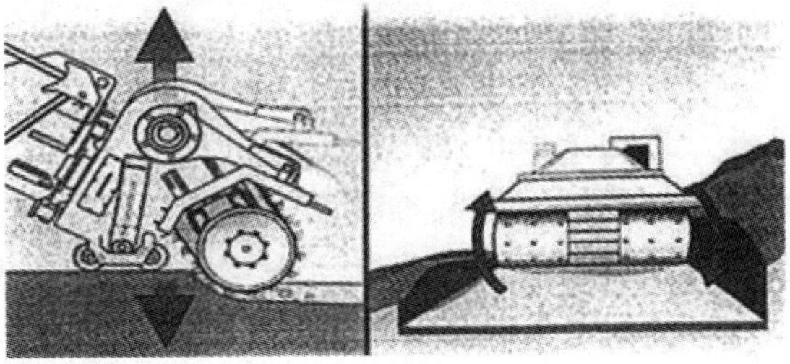

图 1-5　倾斜/双向平整

8. 表面整理

由于该机具有较高的操纵性、重心较低，再加上 TEC2000.2 微处理器的采矿自动控制能力，在世界各地的表面整理作业中得到了应用，其中既有矿山、采石场的矿石表面覆盖物剥除，采矿前的铁铝氧化岩石层铲平，也包括钻井和爆破作业之后平整工作面。自顶向下形式的切割方式可在硬度 110 MPa 岩石的情况下实现连贯作业，在某些情况下最高硬度可达 170 MPa。而在岩石硬度更高时，连续露天采矿机在某些禁止的区域也具有采矿经济性。

三、威猛“地平王”露天采矿机的优点

随着采矿技术的发展，露天采矿机开采工艺在露天矿山行业正扮演着越来越重要的角色。尽管在整个露天采矿行业中，露天采矿机开采工艺所占比例较小，但其重要性却不容忽视。传统采矿方式中，大规模的覆盖层通过穿孔爆破的方式剥离后，大型电动挖掘机用来采掘覆盖层下较为松软的煤层。但在许多情况下，当开采薄煤层尤其是相邻煤层间有很薄的夹矸层或者薄夹矸层位于优质煤层与劣质煤层之间时，采用穿孔爆破和大型挖掘机开采工艺就会导致煤矸混合，降低煤质，这就需要对薄夹矸层进行单独开采。

采用穿孔爆破配合挖掘机开采工艺采掘的物料，其粒度从直径几米的煤块到几微米的粉末状煤，大小不一。大块矿石需要初级破碎到合适的粒度以便进行下一生产环节（例如带式输送机运输）的操作。由于穿孔爆破作业很难控制物料粒度大小，导致破碎成本的提高。而采用露天采矿机工艺生产出的物料粒度均一，使物料处理起来更有效率，同时还能提升装载效率。

1. 产品粒度分布均匀

威猛“地平王”露天采矿机生产出的物料粒度较小且分布统一而均匀。自上而下的切割方式可以在某种程度上控制生产成本以及大块矿石的产生（大于 15 cm）。同穿孔爆破获得大小不一的物料相比，这种均一小颗粒的物料使得破碎环节更高效，同时也减少了挖掘机装载斗数和卡车数量。

2. 减少穿孔爆破

当矿山采用这种独特的设备进行作业时，可以减少覆盖层或夹矸层剥离的穿孔爆破工程量。选采作业可应用于紧贴煤层的剥离层、薄煤层以及采矿作业中的层间剥离。在某些矿山，对煤质与粒度要求非常严格，则完全不能采用穿孔爆破的方式进行开采，并能适应硬度较大的铁矿和中硬度的石灰石矿。

3. 作业平面平整，可减少装载机的磨损

威猛“地平王”开采过的作业平面十分平整，有助于减少卡车和装

载机的磨损，对橡胶轮胎效果尤其明显。采用激光发射器或 GPS 系统可以控制采掘深度，为了工作面排水需要，也可以形成带有坡度的作业底板，使积水沿坡度排到坑底蓄水池。同水平作业底板相比，有助于物料保持更长时间的干燥状态，以降低因湿度带来的生产成本提高。

4. 设计采用低重心和双履带，作业更加稳定、灵活

作为一种特殊的采矿设备，威猛“地平王”的某些设计特点具有非常突出的原创性。地平王在作业面上切削出的物料堆放与设备作业方向相反，这就使得 T1255 型地平王重心很低。低重心可使设备在作业过程中能够更加稳定，减少了倾翻的危险，使其能够在坡度较大的坡面上作业。

T1255 型“地平王”的双履带设计使其运作非常机动灵活。由于其可以在原地旋转，30 s 内就可以完全从一个条带转向下一个条带的开采。这种机动性能使其即使在狭小的作业带上也能进行高效且经济的作业。

其后置式滚筒则最大限度减少了采掘后的物料对地平王作业产生的不利影响，降低了生产成本。履带行走装置并不通过采掘后的物料行走，因此不会对物料尤其是矿物造成影响，保持了其完整性。滚筒上刀齿的独特设计，使其更换简便、快捷，减少了设备的非作业时间，提高了设备的利用率。此外，滚筒后置且宽于行走履带，可以形成边角整齐的大坡度高边坡，能够最大程度提高可采煤量的回收率。

四、“地平王”采掘作业原理

“地平王”在采掘面作业时，滚筒从煤层顶板自顶向下切割，物料从滚筒下方通过，经机器尾部排出。其最大优点就是在发动机驱动下可以充分利用机器的自重，对比自底向上切割的机器，可切割更硬的岩石。“地平王”能够高效且经济地采掘硬度在 125 MPa 左右的物料，某些情况下甚至可以用来采掘硬度高达 200 MPa 的石灰石。

与自底向上切割相比，自顶向下切割可大幅度提高切割力对岩石的作用效果。这一点威猛公司在 T1255 型“地平王”露天采矿机开发之初就意识到了，最初的设计是自底向上切割方法（与威猛公司生产超过 40 年历史的岩石开沟机切割方式相同），然而将自底向上切割改成自顶向下切割后，地平王的生产速效率提高了 50%。

自顶向下的切割方式，最大程度上减少了切割物料与滚筒之间的接触，从而减轻了物料对切削齿和切削齿基座的磨损，同时也最大限度减少了作业时沾湿物料黏附在切削齿上导致的粘连、堵塞等问题。自顶向下切割的另一个突出特点就是滚筒旋转方向与设备作业行走方向相同，减少甚至避免了履带设备在湿软表面作业时出现的打滑现象。相反，自底向上切割时，机器作业滚筒势必要碾压切削物料。

自顶向下切割在一定程度上可以控制、调节采掘下来的物料块度。由于滚筒切割深度越深，主机行走速度越慢（滚筒水平移动的距离变短），在滚筒转变不变的情况下，切入间距变短，切下来的物料颗粒变小，故滚筒越深颗粒越细。反之，切割深度越浅，主机行走速度越快（滚筒水平移动的距离变长），在滚筒转速不变的情况下，切入间距就大，因此切割下的物料也大。当然，这并不是说“地平王”露天采矿机能够随意控制切割物料块度。因为采掘切割下的物料尺寸在很大程度上是受限于矿层或岩层的赋存状况，对于矿层较薄的情况尤其如此，此时切割深度与产品粒度之间几乎没有任何关系。也就是说，在矿层赋存相对稳定的前提下，“地平王”露天采矿机可以在一定程度上调节所产物料的粒度大小。

露天采矿机工艺和现有露天煤矿采矿工艺相比，在节约成本上有更广阔的空间。“地平王”露天采矿机可以对煤层与夹矸及不同煤质的煤层之间进行选采，威猛 T1255 型“地平王”给露天采矿工业提供了一种独特而新颖的开采方式。

第四节　德国维特根露天采矿机

一、维特根露天采矿机特点及效果

1. 维特根露天采矿机的特点

这款紧凑、强劲的机器的核心亮点就是 3.8 m 宽的切削转子。此外，物料运输系统使其具有低油耗、刀具利用率高以及粉矿含量低等优点。修正转子速度结合减小的切削深度和行走速度，确保现场骨料优化分配，也使粉矿量再次减少 10%。两个可液压升降的边板能够完全封闭切削转子，当切削转子有效封闭时，切削过程中产生的灰尘也会大大减少。此外，施工时，采矿机还额外装配了一个防尘板。

2. 实验效果

在 6 天的实验中，上述措施有效减少了粉尘的形成。机械式切削转子驱动系统及其三个驱动皮带也充分证实了其极高的效率。几乎无损耗的功率传输确保了施工的高效性和最佳的日产量，也确保了维护保养的简单、便捷。刮板上的三个卸料口将大量矿料在机器后方堆积成料带，确保在选择性开采煤层时实现产量最大化。装载机随后将开采下的矿料装入卡车而不影响采矿，如图 1-6 所示。

图 1-6 维特根 2500SM 型露天采矿机

图 1-6 为维特根 2500SM 型露天采矿机，集传统工艺穿孔、爆破、采装和破碎环节于单套设备。显著节省成本的同时提高了成品矿品质，保证了矿山资源回采率。

在空间受限的区域作业时，维特根 2200SM3.8 充分展现了其优势。液压可调的全履带大转向角会形成仅 2.5 m 的转弯半径。蟹形转向模式具有优异的机动性。同时，高度独立调节的履带形成大离地间隙，使得机器即使在不平整的路面上也能作业和倒车，可选的液压差速锁确保机器无论在任何地面上都能拥有最大的牵引力。该采矿机优异的爬坡能力和大纵坡工作能力，使得其能在困难的辅助区域施工，并切削出单独的进出道和坡道。维特根 2200SM3.8 在现场切削坡道方面极具价值。

二、维特根 W2200/3800SM 型露天采矿机

维特根 W2200/3800SM 型露天采矿机采用履带行走方式，切削滚筒由胶带驱动，整机性能稳定可靠。发动机功率 671 kW，满足美国联邦环保总署严格的排放标准。配备功率自动控制系统，可根据负载情况自动

调节设备运行速度。另外，发动机即使在极端压力条件下也可以保持稳定输出最大扭矩，防止工作中熄火。在外界温度很高的情况下，超大的散热面积可保障发动机有效地冷却。

由维特根集团研制的 W2200/3800SM 型露天采矿机，覆盖了采矿、土方及岩石等工程，最大年产量可达 1 500 万 t，能够生产小粒度开采料，减少甚至消除了后续加工的投入，可以作为初级开采设备或传统开采设备的配套设备。

该机底盘采用坚固的焊接式结构，方便固定各独立的功能模块和上部结构件，水箱、燃油箱与机架合为一体，液压油箱采用独立结构设置。液压开闭的发动机罩、左右两侧的维护门及优化布置的各部件，方便维修人员的接近和维护保养。

通道式驾驶台位于机器的中央，驾驶员通过两侧的梯子上下，驾驶台配备 2 个独立的控制台，可以转动调整角度和高度。2 个控制台和右侧座椅可以侧移出机器外沿。所有操作和控制元件均位于驾驶员视野之内。转向和行走通过手柄进行控制。

切削滚筒自下而上切削，刀座焊接在切削滚筒上，特别的端部结构能保证切削作业边缘齐整。刀具排列保证被切削的物料可以有效地传送到一级胶带上，或者通过后门刮板中间的开口以堆料带的形式将物料堆放在履带中间。导料装置有效防止了履带的磨损。切削单元为机械式驱动，通过离合器和传动胶带将发动机的功率高效传递到齿轮箱上。15 根胶带组成的 3 个胶带组不仅保证了动力的最佳传输，同时自身也具有很长的使用寿命，胶带组由液压缸自动张紧。

该机配备了双齿履带板，每个履带由其液压发动机独立驱动。液压发动机由常规变量液压泵驱动。开关式液压分流器起差速锁的作用，即使在恶劣的工况下也能保证获得均匀一致的驱动力。行走履带通过圆柱导向柱悬挂在机架上，高度由液压调节，各支腿的高度可独立调节，切削深度可通过 2 个前支脚油缸调节，2 个后履带构成浮动轴。大油缸行程确保了足够大的离地间隙，从而使倒车操作或向低帮拖车上的装卸更加方便简捷。

该机还配备了维特根的信息显示和故障诊断系统 WD-IS32，可以及时为驾驶员全面提供机器发动机和液压系统实时状态信息，必要时提供视觉和声音警告。数据和信息在驾驶台中央的多功能显示器上显示，包括工作时间、发动机转速、发动机温度和蓄电池电量等参数都可以在此查看。液压系统的压力由另外 2 个压力表单独显示，可以查看整个液压系统 12 个位置的压力。2 个空气滤芯和液压油滤芯也是电子监控。液压洒水系统可以防止切削过程中出现的大量灰尘，同时可以及时冷却切削刀具，延长刀具的使用寿命，其外形及工作状态如图 1-7 所示。

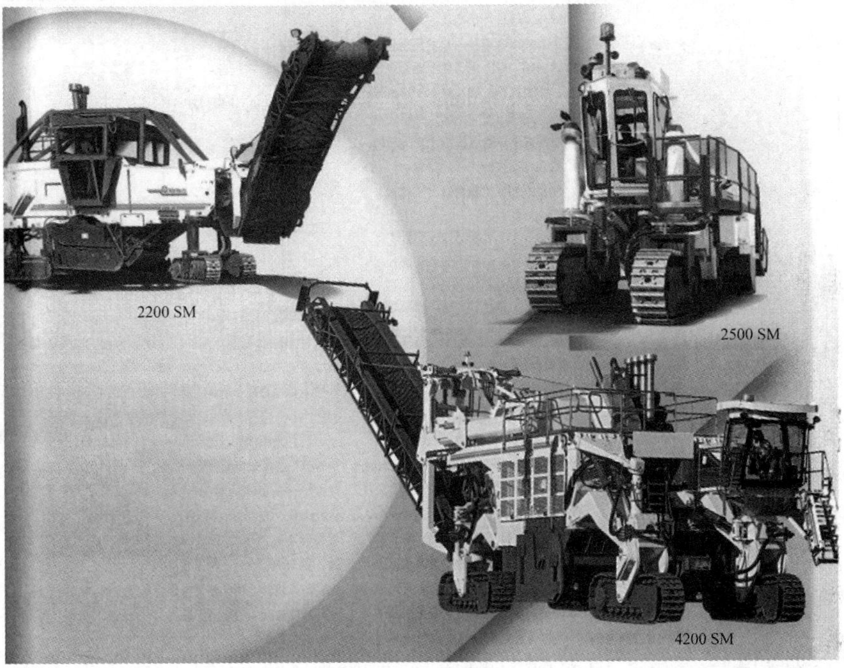

图 1-7　维特根露天采矿机系列产品

维特根 W2200/3800SM 型露天采矿机主要技术参数如表 1-3 所示。

表 1-3　维特根 W2200/3800SM 型露天采矿机主要技术参数

序号	项目	单位	参数
1	整机（长×宽×高）	mm	9 200×3 200×3 000
2	整机质量（工作质量）	kg	56 680
3	最大切削宽度	mm	3 800
4	最大切削深度	mm	250
5	最大行驶速度	m/min	18
6	发动机制造商		卡特彼勒
7	发动机型号		3412E

续表

序号	项目	单位	参数
8	发动机输出功率	kW	661.5
9	刀具数量	个	92
10	刀间距	mm	50

第五节　意大利泰斯美克露天采矿机

一、泰斯美克“碎岩金刚”露天采矿机

自 20 世纪 80 年代起，意大利泰斯美克公司即开始致力于研发生产可在极端严峻条件下进行连续作业的露天采矿机械，经过近 30 年的不断积累，公司拥有了广泛应用于大型管道挖掘、露天采矿、硬岩破碎、土地复垦、市政建设等诸多领域的四大型号系列产品。同时，针对不同应用的系统化特殊设计和相同的高效能表现，使得泰斯美克产品成为在困难环境下实施连续作业的理想选择。作为四大型号系列中专为露天矿山应用而设计的“噬齿式”采矿机，以其高效的连续破碎作业性能及优异的矿料挖掘效果表现，在全世界范围获得了广泛的应用和推广。

2003 年，泰斯美克第一台“碎岩金刚”问世，如图 1-8 所示。该采矿机的问世旨在为矿山管理者提供一种精细可控的无穿爆露天开采工艺，以应对日益严苛的安全和环境管控。

1. 采矿工艺及技术特征

“碎岩金刚”所应用的连续表层采矿工艺，按照逐幅、逐层的作业行进方式，对露天矿层进行连续的精细化破碎剥离，其技术特点如下：

（1）环境友好：可显著降低作业过程中的扬尘、振动、噪声等环境污染，作业冲击非常低，可在既有建筑结构或既有基础设施以及城区附近进行作业。

（2）安全高效：集破碎、采掘等工艺环节于一体，不仅避免了炸药使用的危险性，还大大减少了工地现场的作业人员和作业设备，降低潜在危险发生的可能。

（3）允许选采：能够精确地调节并控制开采尝试，提供了分筛开采

料的可能性，为后续工序降低成本，并可实现薄矿层开采。

图 1-8　泰斯美克“碎岩金刚”露天采矿机

（4）开采料尺寸控制：可通过调整碎岩鼓挖掘齿的布置以及作业参数的设定，对开采料的尺寸分布进行一定程度的控制（具体效果取决于实际地质工况），并可基本避免大块石料（15 cm 以上）及石粉的产生，不仅方便了装载运输，还可免去一级破碎，并使后续的破碎工序更有效率地执行。

（5）高灵活度：具有极佳的机动性，易于作业现场的灵活组织调动。

（6）投资生效快：无须复杂的现场安装，“碎岩金刚”在抵达作业现场后可立即投入作业并产生效益。

2. 型号介绍

与源自筑路技术的露天采矿机型不同，“碎石金刚”秉承了泰斯美克积淀 30 年的“硬岩破碎”血统，专为高硬度岩石的连续破碎作业而设计。

为满足不同的使用需求，泰斯美克“碎岩金刚”提供了两种型号供用户选择，如表 1-4 所示。

表 1-4　两种型号的泰斯美克“碎岩金刚”

型号	发动机功率/kW	自重/t	挖掘宽度/cm	挖掘深度/cm
1150RH	328	55	312	50
1475HR	470	108	381	61

3. 泰斯美克“碎岩金刚”露天采矿机的设计特点

（1）飞轮变速箱终传动（专利技术）。

克服岩层硬点，连续碎岩作业：“碎岩金刚”采用泰斯美克专利的飞轮变速箱作为终端驱动机构，可在瞬间为碎岩鼓提供三倍于液压发动机最大输出的挖掘扭矩，可以轻易克服地表岩层的硬点，避免过载停机。

缓冲过载冲击，消除动力波动：飞轮变速箱在挖掘机构与液压系统之间建立缓冲，由挖掘系统传递过来的反作业力和振动过载将被飞轮消化缓冲，使得液压发动机免受由于岩层硬度不均匀变化而造成的冲击，其输出扭矩可保持稳定。

泰斯美克“碎岩金刚”的传动系统如图 1-9 所示。

图 1-9　“碎岩金刚”挖掘机构传动系统示意图

（2）刚性车架连接。

主车架采用单片式整体焊接结构以承受严苛的应力载荷和冲击。

取消碎岩鼓和履带的调平（倾斜）功能，避免铰接关节部位成为整体强度的短板。

（3）后置式碎岩鼓。

应用“自上而下”的反向切削技术，借助机身自重破碎岩石，并可提高设备的动态稳定性；大于设备宽度的大挖掘幅面，提供了垂直边坡挖掘能力，无须其他挖掘设备善后。

正是基于上述特别设计，使“碎岩金刚”具有同等级露天采矿机中最紧凑的外形尺寸、最低的发动机功率/设备重量比，以及最强的连续硬岩破碎能力。

经实践验证，1 台 1475 型“碎岩金刚”的作业效率可替代约 15 台 25 t 级的挖掘机，在低磨蚀性的脆性岩石工况下（如石灰岩），“碎岩金刚”的经济作业范围可达 125 MPa（岩石单轴抗压强度），在一些特殊情况下甚至被用于开采强度高达 200 MPa 的石灰岩。

事实上，在 80 MPa 以下的低磨蚀岩石工况下，“碎岩金刚”的单位生产成本已经接近甚至低于穿孔爆破。如果进一步考虑“碎岩金刚”对出料尺寸的控制、垂直边壁的处理，以及对作业面的平整度控制所带来的成本节省（免除一次破碎、自卸车轮胎寿命延长等）和综合效率提升，其作业成本效率的优势更为可观。

4. 泰斯美克“碎岩金刚”四大“掘技”

泰斯美克不断对“碎岩金刚”进行技术改进和升级，以不断提高其生产效率、可靠性和生命周期，降低作业成本，并不断拓宽经济适用范围。2013 年，经过 10 年的技术积累，新一代“碎岩金刚”携四大独创“掘技”全新问世。

（1）“超掘”电子控制系统，全自动碎岩。

全自动作业模式：系统可根据地表条件自动将设备调整至最佳状态进行作业，将操作手对生产效率的影响降至最低。

故障自诊系统：实时监控主要作业部件，发生故障可立即显示故障内容及故障位置。

（2）“ReM 掘视”远程监控系统。

设备关键数据远程上传和作业状态监控；机队位置管理；自动报表生成。

（3）“掘轮”升级，新一代碎岩鼓。

优化反向双螺旋挖掘齿布置，使其具有更好的出料尺寸控制力。

优化挖掘齿击角，使其具有更高的岩石切削力。

全新的碎岩鼓稳定支腿，降低作业过程中的有害振动。

（4）全新“掘齿”。

泰斯美克专为连续表层采矿而研发的全新挖掘齿，使得耐磨性能提高 50%。

二、泰斯美克“噬齿式”露天采矿机

泰斯美克“噬齿式”采矿机创新性地采用了“堆放式挖掘模式”设计，将原有的边破碎边通过物料传输带进行装载的模式转变为集中破碎、集中装载的新模式。在此模式下，破碎机的破碎机构将额外获得原来由物料传输带所占用的近 30%的发动机功率，作业效率得到极大提高；而原地堆放的破碎矿料则可在任何时候通过大型装载机进行装载作业，其效率远高于使用物料传输带。

“噬齿式”采矿机取消了原有的传输带，将破碎机构（噬齿滚筒）布置于机器后端。这一布置不仅可以获得更大的破碎宽度，还提供了机器进行垂直多层挖掘的可能性。此外，泰斯美克还基于此特殊布置独创了具有更大破碎力的反向破碎技术，可显著增强机器作业效率和机器的动态稳定性。

“噬齿式”采矿机通过一套静液压系统进行动力传输，并通过终端的飞轮变速器驱动破碎机构执行作业动作。泰斯美克选用了经过特殊工业化设计的飞轮变速器作为终端驱动机构，飞轮变速器可为破碎动作储能并在瞬间释放出 2.5 倍于液压传动的最大扭矩。此外，飞轮变速器还可以消除来自液压系统的动力波动，并可实现破碎机构的多级速度控制。

泰斯美克采用了先进的自动控制系统，采矿机的所有操作控制都在一个具备翻倒保护功能的可升降驾驶室内进行，加压密封设计的驾驶室可使操作手在远离噪声、高温、粉尘的舒适环境中通过中控台正确发出控制指令。泰斯美克采用了先进的自动控制系统-破碎行进伺服控制系统，该系统通过安装于破碎机构的负载传感器监控实时工作负载，并自动调节作业回路的工作压力以适应工作负载的变化，从而使发动机始终保持最大功率输出状态，保证了机器在连续破碎作业过程中始终保持最大的输出效率和优异的动态稳定性能。

第六节　液压破碎锤

一、液压破碎锤简介

1. 阿特拉斯·科普柯 HB7000 型破碎锤

阿特拉斯·科普柯是国际知名的破碎锤制造商，以往主要是针对国际高端客户，在中国市场销量不多。为了顺应日益成熟的客户购买需要，阿特拉斯·科普柯开始发力进军中国市场。HB7000 型破碎锤秉承了成熟的恒定冲击能量输出技术，保证输出高打击能量。同时采用静音、减震箱式外壳，保护挖掘机臂，减少反冲击力，使得噪声降低，符合苛刻的环保要求。拥有大容积、全封闭的隔膜式氮气蓄能器，减少液压脉冲，保护挖掘机液压主泵。该型破碎锤结构设计简单，采用较少的工作部件以减少维修量。高质量的原材料制造，确保零件高精度、高可靠、长寿命，使客户能够享有更低的投入和运营成本。

阿特拉斯·科普柯 HB7000 型破碎锤与其他同类产品相比，工作能力强，冲击力大，对硬岩的破碎效果好，更适合矿山开采。该型破碎锤还有环境适应能力强、整机噪声低、与挖掘机连接快速、设备的自动润滑系统方便设备保养等优点。此外，阿特拉斯·科普柯 HB7000 型破碎锤还是国内目前使用的最大的破碎锤。

HB7000 型破碎锤在矿山生产中最大的优势就是高效率。以将总质量为 40 t，粒径约为 2 m，且大小不一的若干岩石破碎为粒径 30 cm 的碎石为例，使用 HB7000 型耗时约为 10 ~ 15 min，而在完全相同的条件下，使用韩国产的某品牌破碎锤耗时约 30 min，生产效率提高 30% ~ 40%。在矿区，粒径 30 cm 的碎石基本属于外卖的原料，若以进入矿区破碎机 70 ~ 80 cm 的粗料为例，效率会更高。从另一角度看，HB7000 型破碎锤的冲击功率、冲击频率均比同类品牌的破碎锤高，自然也就提高了生产效率。此外，HB7000 型破碎锤的另一个优势就是结构更加紧凑、坚固。虽然与其他品牌相比，HB7000 型破碎锤的一次性购买成本和维护成本方面要高一些，但其生产效率高、使用寿命长、故障率低。

2. 阿特拉斯·科普柯 HB2200 型液压破碎锤

（1）基本特点。

液压破碎锤简称“破碎锤”或“破碎器”，破碎锤的冲击能量有液压、气压、液压气压混合 3 种方式，一般液压占 25%、气压占 75%。但所有的破碎锤活塞回到原位的力完全是由液压控制。破碎锤的工作压力一般为 20 MPa、流量为 170 L/min。

（2）适用情况。

① 对矿石纯度有特殊要求；

② 采下的矿石粒度分布有特殊要求（例如避免细屑过高）；

③ 原料特性急剧变化导致处理成本较高；

④ 对矿石质量影响较大的薄层夹石剔除；

⑤ 特殊位置（例如边角等位置）残矿回收工作。

（3）技术性能及参数。

HB2200 破碎锤属于重型破碎锤系列，适用于要求大功率的作业，目前已有 300 多台投入一次破碎作业使用，具有性能和生产率最大化、设计稳定、耐久性强、冲击能量稳定的优点。其技术性能及参数如表 1-5 所示。

表 1-5　HB2200 破碎锤技术性能及参数

冲击频率/（次/min）	直径/mm	有效长度/mm	生产能力/（t/h）
280 ~ 550	150	650	110 ~ 330

3. 蒙特贝液压破碎锤

斗山国际贸易（江苏）有限公司推出的蒙特贝液压破碎锤，是世界上先进的智能型破碎锤，适用于 0.7 ~ 90 t 挖掘机，如图 1-10 所示。

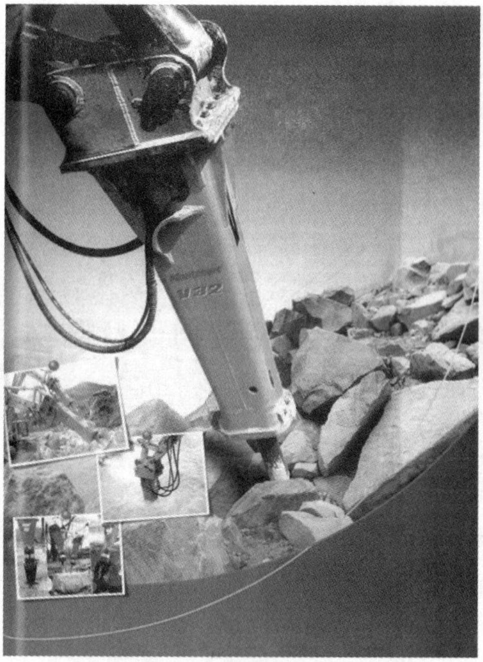

图 1-10　蒙特贝液压破碎锤

二、液压破碎锤采掘工艺

目前，破碎锤凭借其安全高效的优势，已经广泛应用于采石场的二次破碎作业中，完全取代了二次爆破进行大块破碎。随着液压破碎锤的更新换代、破碎性能参数的不断改进，特别是重型破碎锤的出现，液压破碎锤开始应用于全新的领域。采石作业中，液压破碎锤在某些特殊限制条件下的应用，呈现出独特的优势，尤其是在选择性采矿及机械采矿作业中优势更加明显。基于此，液压破碎锤采矿作为一种新型采矿方法，在一定程度上丰富和充实了现有的采矿方法，具有重要的意义。

液压破碎锤是另一类机械开采方式，其生产工艺为破碎锤破碎—装载机装载—汽车运输。随着采矿条件越来越恶劣，很多矿山采用传统的爆破方式已经无法满足精细化开采的需要，有些矿山采用钻孔爆破方式又受到环境条件等种种限制，于是各种以露天采矿机为首的机械开采方式便在矿业领域应运而生。而阿特拉斯·科普柯公司推出的大功率液压破碎锤在采矿业的应用无疑称得上是一种类型的机械开采方式。

传统的采矿作业普遍采用中深孔延时爆破方式开采，但是对于一些周围环境相对复杂的矿山（主要是指距离村庄、道路及重要建筑物较近），使用该开采方式不能满足《爆破安全规程》（GB 6722—2014）和《小型露天采石场安全管理与监督检查规定》的要求，在这种情况下，液压破碎锤采石通常是最安全的选择。

液压破碎锤是一种将液压能转变为机械冲击能的破碎机具，主要被安装在挖掘机等工程机械设备上配套使用，如图 1-11 所示。由于其可以高效地完成对岩石、混凝土和钢包的破碎，以及对冻土、冻冰、沟渠和水泥路面的挖掘，取代使用炸药的二次爆破，因此被广泛地应用在矿山开采、道路修筑、建筑拆除、市政建设、隧道工程、水下作业以及冶金

图 1-11　HB 7000 型液压破碎锤

等领域。液压破碎锤经过 50 年的发展，全球市场已颇具规模，前景广阔。近年来，随着我国扩大内需和基础设施建设的持续升温，挖掘机需求超速增长，为液压破碎锤未来市场的发展壮大提供了广阔的空间。

三、破碎锤开采参数

1. 台阶高度和台阶坡面角

破碎锤开采时，台阶高度取决于破碎锤所能达到的高度，该矿选用的 CAT320D 液压挖掘机挖掘高度超过 10 m，同时考虑到最大工作效率的发挥，确定生产台阶高度为 7.5 m，故每个台阶划分为 2 个 7.5 m 的工作台阶进行生产，开采终了时进行并段。台阶坡面角 $\alpha \leqslant 90°$。

2. 最小工作平台宽度、工作线长度

根据破碎锤工作平台宽度以及装运设备的布置，最小工作平台初始宽度确定为 20 ~ 30 m，正常工作为 30 m 以上。1 台破碎锤采用的工作线长度最小为 40 m。

3. 临时运输道路

破碎锤开采时，各台阶之间的衔接采用临时道路，自采准平台一侧修筑运输道路，运输道路宽 8 m，长度 93.75 m，平均坡度 8%。

4. 同时工作的台阶数

每个工作线上同时工作 2 个台阶，采用上下分台阶同时作业。

四、小　结

碎石锤开采较爆破开采成本高，采用液压破碎锤进行采矿，应从经济、技术方面进行可行性分析研究，确定使用经济、合理的采矿方法，既能有效地开采利用有限的矿产资源，又能体现出液压锤开采破碎的独特优势。

第七节　露天煤矿采剥设备发展现状

21 世纪初，全球固态矿产（包括建筑材料）的年开采总量约为 1 160

亿 t，其中以露天开采方式开采量约占 80%；而在中国，煤炭露天开采比重仅为 8%左右。由于露天开采具有生产能力大、建设周期短、机械化程度高、开采成本低、劳动生产率高、吨煤投资低、资源回采率高和安全性能好等一系列优点，随着开采技术和装备的发展，全世界主要矿产资源露天开采所占比重也越来越大，主要采煤国家都将露天开采作为增加产量的主要方式。

一、露天采剥设备机械化、自动化现状

露天开采高度机械化、自动化的现状如图 1-12 所示。

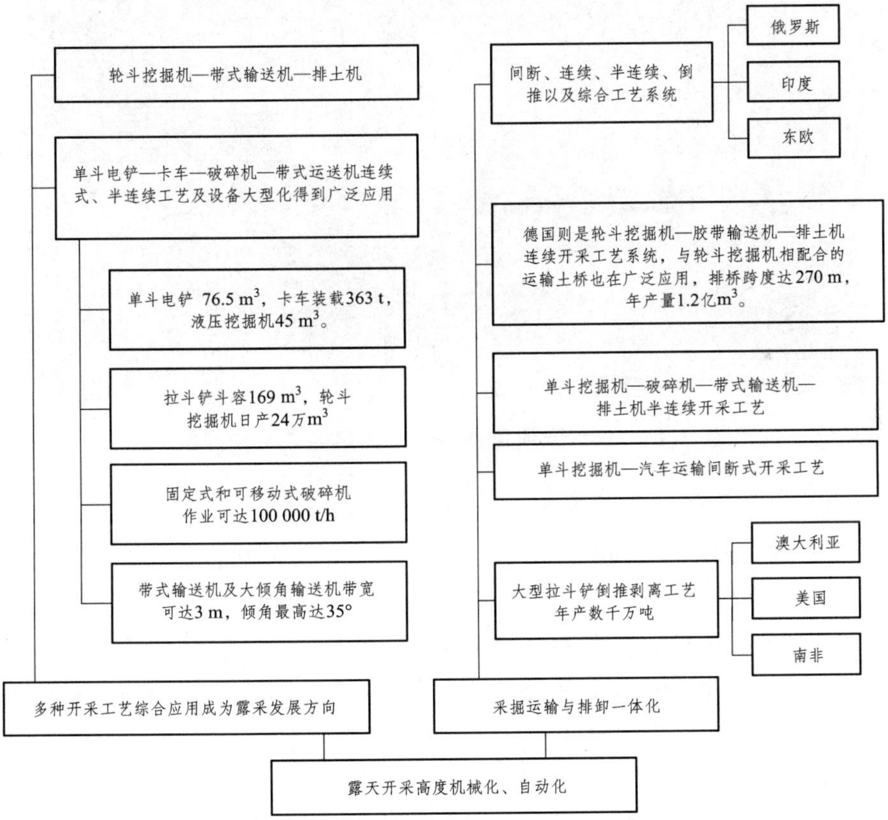

图 1-12　露天开采高度机械化、自动化现状框架图

二、国内外部分典型采剥设备

1. 国内采剥设备的应用

我国神华准格尔黑岱沟露天煤矿引进了巨型拉斗铲，使用了轮斗挖掘机，如图 1-13 所示。该挖掘机辅以抛掷爆破，进行倒堆剥离，将原年生产能力 1 200 万 t 提高到 2 000 万 t。哈尔乌素煤矿设计年产量 2 000 万 t，采用拉斗铲倒堆，56 m^3 级电铲配合 300 t 以上级卡车进行剥离。白音华矿区 4 个露天矿采用移动破碎半连续工艺进行剥采，设计总年产量达 4 500 万 t。

图 1-13　神华准能黑岱沟煤矿使用的轮斗挖掘机

2. 国外采剥设备的应用

PE100 型轮斗挖掘机是山特维克专为比克卡布拉尼露天矿研制的，其特点是可根据 GPS 坐标自动调整合适的高度进行截割。采矿工程师在办公室内用 AutoCAD（计算机辅助设计）软件计划好截点，并将数据上传至挖掘机驾驶舱的 GPS 系统。当数据上传至 GPS 时，会手动设置到零水平，然后机器会自动校准。

PE100 型轮斗挖机的技术规格：

质量：1 650 t；理论产能：6 700 m^3/h；切割高度：20 m；设备宽度：40 m；臂长：28 m；截割轮直径：12 m；铲斗数：16；单位斗容：1.83 m^3；斗轮驱动输出功率：1 100 kW；设计年工作时间：4 800 h。

PE100 型轮斗挖掘机与 PB100 型转载机一前一后作业，挖掘褐煤的产能达到比克卡布拉尼其他挖掘机的两倍以上，图 1-14 为 PE100 型轮斗挖掘机。

图 1-14　PE100 型轮斗挖掘机

第八节　其他机械采掘设备发展现状

近年来，我国煤机行业发展迅速，生产总值逐年上升，煤机行业正向着大型机械和大功率薄煤层开展机械化方向发展。在众多煤机企业争相斗艳之际，国内煤机行业涌现出一大批拥有自主知识产权的新产品，并在世界范围内都有着较高的技术水平。

一、MMD 全移动破碎机

2013 年，由 MMD 集团开发设计的拥有全球最大生产能力的全移动破碎站在英迈特重型机械（中国）有限公司生产调试完毕，这也意味着国内首台 MMD 全移动破碎站将赶赴采矿现场进行作业，以实际行动来检验产品质量。

北京英迈特矿山机械有限公司和英迈特重型机械（中国）有限公司是 MMD 集团在亚太地区的销售、研发和生产基地。作为破碎领域产品、工艺革新的倡导者，MMD 集团专注于先进的绿色环保采矿技术的应用与研究，通过持续改进和追求卓越，其破碎筛分设备已经发展成为世界先进水平的引领者，全球仅有的 3 台破碎能力超过 10 000 t/h 的全移动破碎机均由 MMD 集团开发制造。

为中煤平朔集团有限公司生产的全移动破碎站包括 MMD1400 轮齿式筛分破碎机、胶带桥、漏斗/电缆车及相关服务。整个系统基于两台阶四采幅的开采工艺运行，每一个开采循环将开采工作面推进 80 m，并移设一次工作面胶带机。主要特点包括：结构紧凑、重量轻、模块化设计；履带横向布置，前进后退灵活，可以原地回转；挖掘机向料仓给料容易，排料胶带卸料方便灵活；高产能、低磨损，操作简单，设备维护时间短；整机重心低，抗冲击能力好，适应地面能力强。

目前，MMD 系列产品包括轮齿式筛分破碎机及板式给料机、固定式破碎站、半移动破碎站和全移动破碎站等产品。基于独特的创新设计和高品质的产品质量，MMD 轮齿式筛分破碎机可以对软硬程度不同的各种物料进行破碎，在 80 多个国家和地区，广泛应用于地上和井下 60 多种不同矿物料。

二、其他移动式破碎机与筛分设备

其他移动式破碎机与筛分设备如图 1-15 所示。

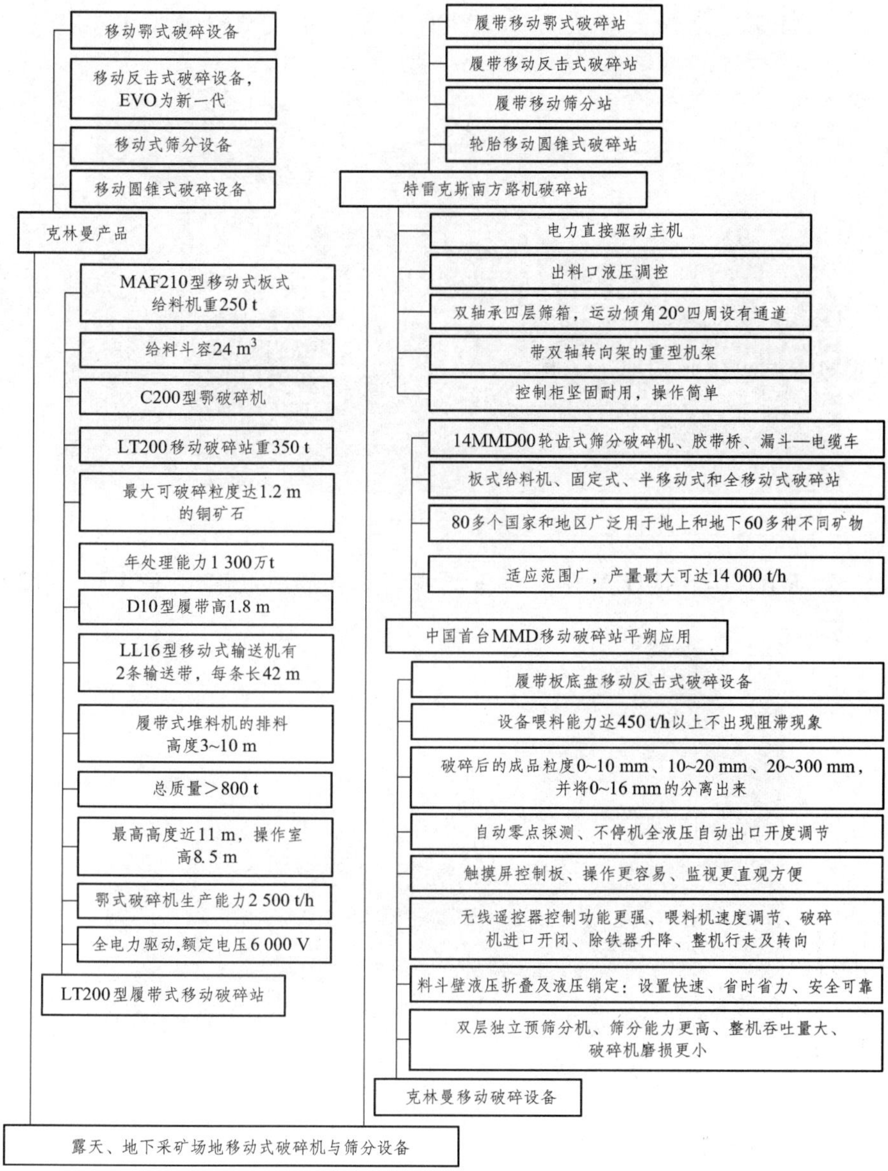

图 1-15　其他移动式破碎机与筛分设备框架图

1. 特雷克斯南方路机 CSW1000C 轮胎圆锥式破碎站（图 1-16）

图 1-16　特雷克斯南方路机 CSW1000C 轮胎式破碎站

2. MR130ZSEVO 克林曼履带底盘移动反击式破碎设备（图 1-17）

图 1-17　克林曼履带底盘移动反击式破碎设备

三、转载机

SZZ1500/700 型桥式转载机（图 1-18）由中煤张家口煤矿机有限责任公司生产，转载机能力 120～4 500 t/h，装机功率 40～700 kW，槽宽 630～1 550 mm，运输长度可达 80m，整体性能及可靠性可满足普采、高档普采及综合机械化开采工作面的顺槽运输要求，转载机整机寿命（过煤量）达到 400～3 000 万 t。

SZZ1550/700 型桥式转载机主要技术参数如表 1-6 所示。

表 1-6　SZZ1550/700 型桥式转载机技术参数

项目	参数
输送量/（t/h）	4 500
设计长度/m	80
中部槽内宽/mm	1 550
装机功率/kW	700
刮板链形式	中双链

图 1-18　SZZ1550/700 型桥式转载机

四、带式输送机

带式输送机是矿山企业、铁道的轨道碎石场、建筑物和构筑物的碎石场、公路高速建设的碎石场、水利水电筑坝碎石场等多个环境离不开的碎石转送设备。运输距离更长的莫过于煤矿井下往地面运输使用的带式输送机。

1. 带式输送机的关键设备

（1）福伊特液力耦合器。

福伊特液力耦合器用以保护带式输送机系统。在过去的数十年里，实践证明其适用于世界范围内恶劣的工矿环境中。福伊特液力耦合器可减少带式输送机的磨损及损坏并使带式输送机在各种情况下平稳起动。平稳的动力传动减少了带式输送机的张紧力。在多机驱动情况下，福伊特液力耦合器可实现负载平衡。福伊特液力耦合器还可有效减少停机时间，延长胶带及其他驱动部件的使用寿命。

TurboBelt780TPXL 是福伊特专为带式输送机研发的全新产品。

（2）BOSS400 型液黏软启动系统。

兖州煤矿机械厂研制的 BOSS400 型液压黏软启动系统在矿山大型胶带输送机中得到成功推广应用，取得了良好效果。BOSS400 型液黏软启动系统的结构特点如图 1-19 所示。

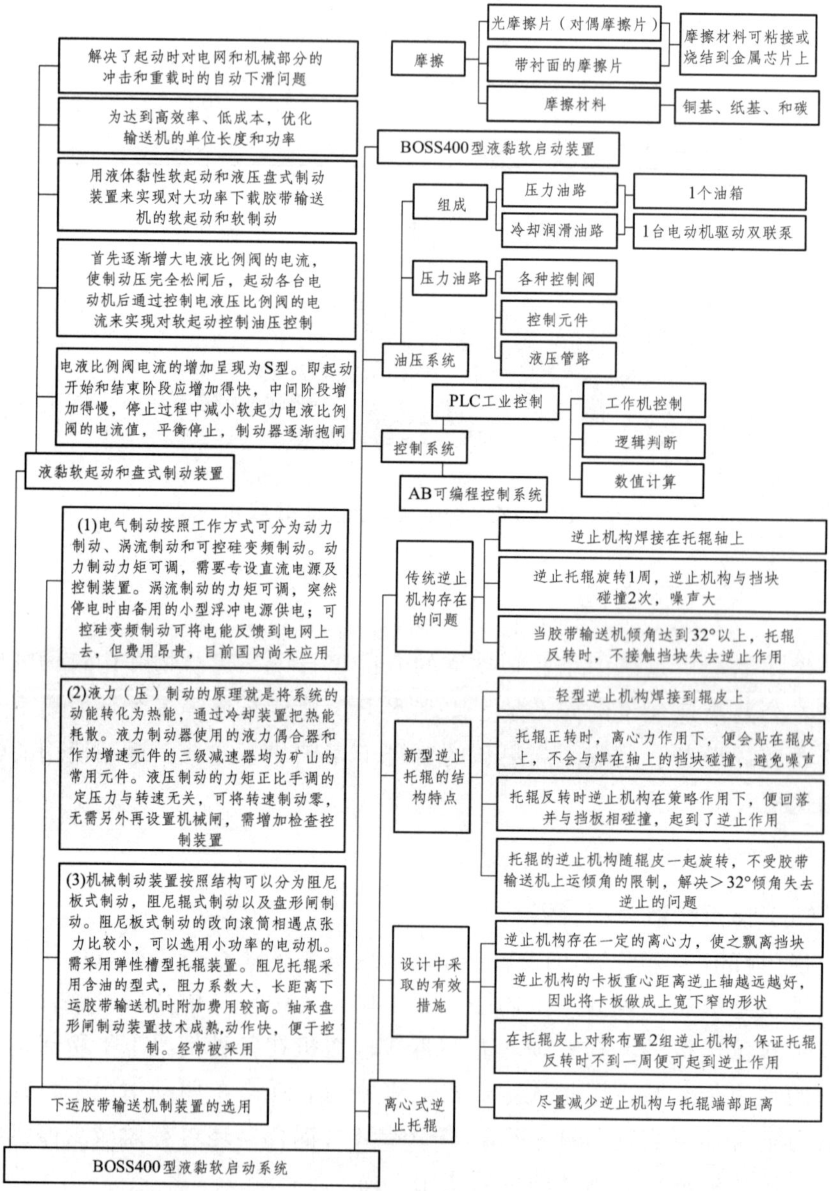

图 1-19　BOSS400 型液黏软启动系统框架图

图 1-20 为带式输送机在露天和井下运输状态。

（a）　　　　　　　　　　　　　　（b）

图 1-20　带式输送机在露天和井下的运输状态

2. 带式输送机减速器断轴原因及预防

山西兰花科技创业股份有限公司伯方煤矿分公司主斜井相续选用了山东兖矿集团大陆机械有限公司生产的 DTL120/51.5/400S 型带式输送机。减速器采用德国 SEW 公司生产的 M3RSF90 型减速器。减速器作为连接电动机和胶带机主驱动滚筒的重要装置，它的正常工作与否，对矿山的安全生产起着关键性的作用。2007 年 8 月份，在正常生产时，主斜井减速器调整轴突然断裂，后经抢修更换，但仍然造成停产达 23 h 之久。

（1）主斜井减速器高速轴断裂原因分析。

发生故障的带式输送机自 2006 年 6 月 10 日开始投入运行，累计生产原煤达 100 余万吨，设备安装时严格按照厂家提出的技术要求进行安装，同轴度最大公差为 0.01 ~ 0.02 mm，且在运行过程中未发现耦合器膜片有变形、断片现象。基础采用钢筋混凝土结构，在使用中只有轻微振动，未发现基础螺栓松动现象。通过分析其断轴原因大致有以下几点。

① 减速机自身缺陷。高速轴的轴肩处未设计过渡圆角，减速机设计时轴断裂处应力过大，减速机为硬齿面减速机，减速机高速轴直径较细，虽然计算强度时通过，但因轴本身很细，同样在轴肩处应力集中严重并发生疲劳损坏。

② 高速轴选用的材料不当或热处理时质量不合格。

③ 减速器高速轴承载了液力耦合器部分重量，且减速机高速轴比电机轴略细，液力耦合器重心位置，距高速轴较远，当电机运转起来后产生一定轴向力，造成断轴。

④ 当减速器正常运转一段时间后，其同轴度发生变化，其高速轴出现轻微创伤，长时间带病运转后，造成断轴。

（2）预防措施。

在设计过程中，应充分考虑高速轴轴肩处的应力大小，采取如增加过渡圆角等措施，提高其受力强度，选用合适的材质，并在处理时达到标准；厂家在选用减速器时，考虑或计算减速器许可的能够承受的径向载荷，尽量减少耦合器的重量；定期检测同轴度，并用探伤仪对其进行创伤检验，发现问题及时处理；在安装时，选择两套驱动装置的带式输送机，一套使用，一套检修备用。虽然此方案在安装前期投资较大，但从长久使用来看，它却能有效缩短事故影响时间，促进安全生产。

通过以上分析，得出减速器在安装时应注意事项。在设计时减速器高速轴的应选择大 1 ~ 2 号为最佳；生产时注意减速器高速轴材质的选择和加工精度；安装和维修时注意调整电动机和减速器的同轴度，使其达到规定要求；另外还需要定期巡检，确保设备的健康运转。

3. 康迪泰克节能型输送带

康迪泰克开发出一款特种胶料，采用这种新型胶料生产的输送带可以将滚动阻力降至最低，原材料输送过程中能耗可减少 20%。得益于此，原材料输送过程中的能源成本和二氧化碳排放量也显著降低，还能够减小滚动阻力，而滚动阻力对长距离水平输送带系统能耗具有重要影响。

随着能源价格持续走高，保护环境和气候的社会意识不断增强，矿业公司愈加重视成本因素，同时致力于采用环保方式开展原材料采掘工作。输送带系统在此方面扮演了重要角色。相比常规运输方式，此类系统的能耗显著降低，二氧化碳排放量明显减少。

第二章　地下机械采掘设备

地下矿山机械采掘设备主要是指与地下煤矿和薄矿脉开采有关的设备。

第一节　地下煤矿综采设备的发展现状

地下煤矿开采设备一般就是机械开采设备，尤其是综采更是如此。改革开放以来，高速发展的国民经济对煤炭的需求增量很快，从而促使煤炭生产高速发展。进入 21 世纪以来，我国的煤炭产量平均以每年 12.3%的速度增长，煤炭消耗量在我国一次能源生产中已占 75%，而且还在不断增长。为了满足国民经济发展和人民生活的更大需求，根据我国煤炭资源的实际情况，今后煤矿生产要坚定不移地、更广泛地实施机械化，集中优势发展综采设备，尽快解决薄煤层开采机械化问题，以保证国家煤炭资源合理开采和矿山生产条件优化，为国民经济可持续发展提供保证。

一、井下采煤设备的技术发展

目前，业内已形成共识，井下煤矿综采工艺及其设备是企业实现高产高效和安全环保的最有效手段。世界主要产煤国家都在不断增大井下煤矿综采生产的比例，目前俄罗斯是 85.9%，波兰是 92.3%，而美国、英国、德国和日本都在 98%以上。但我国井下煤矿综采比例还较低，国有煤矿的综采比例仅为 52.5%，地方煤矿更低一些。据统计，按照全国井下煤矿的总产量计算，综采产煤量只占 28%左右。这种落后的生产技术水平，与世界产煤大国极不相称。政府部门十分关注这一状况，先后下发《关于加快振兴装备制造业的若干意见》（国发〔2006〕8 号）和《关于促进煤炭工业健康发展的若干意见》（国发〔2005〕18 号）等文件明确指出，要加快提升煤炭生产和设备制造水平。近几年，行业内企业审时度势，找出差距，综采设备正在朝着成套化、大型化、机电一体化的方向大步前进。

根据综采设备配套规格要求，采用电牵引采煤机的技术，合理增大采煤机的装机总功率。先进国家的采煤机截割功率多数在 400 kW 以上，最大为 900 kW，总装机功率已达 2 690 kW。国内煤机制造企业在“十二五”期间研制了总装功率为 2 800 kW 的重型采煤机，并大幅提高了牵引力（大于 1 200 kN）和牵引速度（大于 29 m/min）。加快移支架速度，支架随机支护，缩短顶板“空顶时间”，为增大支架步距和滚筒截深创造了条件。

完善和改进截割滚筒，增大截割深度，必须相应地提高滚筒轴、轴承和摇臂等构件强度，齿轮、轴及轴承的使用寿命应超过 30 000 h。要研究优化螺旋叶片的升角，改善装煤效果。采用优质双行星传动滚筒，降低滚筒转速，提高可靠性和使用寿命。采用参数优化的圆锥形或指数曲线形滚筒筒毂，使截割的煤流快速排出，减少二次破碎。

电牵引方式采用可靠的多电机交流变频调速。交流变频调速电牵引系统具有技术先进、可靠性高、维护管理简单等特点。但“一拖二机”方式，变频器对电机的性能参数难以准确检测，控制和保护功能无法安全发挥。国外研发的“两个变频器分别拖动 2 台电机”的牵引系统，使牵引系统的控制和保护性能更加完善。国内应该深入研究和推广这种“一拖一机”的电牵引系统技术。

加速开发难采煤层需要的机型。我国的极薄煤层、特厚煤层和大倾角煤层都占有较大比例，应该研制适用的特型采煤机；对于不适合布置长壁工作面的短壁工作面、前进长壁综采端头及宽巷道掘进工作，应该研制适应性较强、性能良好的短机身采煤机；对于围岩复杂和顶板较破碎等特殊条件下的工作面，应研制性能良好的窄机身和浅截深采煤机。

监控保护系统向智能化发展。新型的电牵引采煤机，应具有基于微处理机的监测保护系统，可实现交互式人机对话、无线电随机控制、远程控制、工况自行监测及状态显示、故障诊断及预警、数据采集存储及传输等多种功能，以保证采煤机滚筒沿工作面煤层自动调节采高，并具有最低维修工作量和最高利用率，始终处于最佳工况。

二、“三机一架”

“三机一架”是指采煤机、刮板运输机、掘进机和液压支护，是井下煤矿采煤工作面的主要生产设备，它的技术装备，一直关系到生产效率和安全环保，是煤矿装备发展的核心问题。本章只对采煤机、刮板运输机和液压支护等论述，掘进机另章叙述。

第二节　地下采煤机

一、液压牵引采煤机

20 世纪 80 年代以前，我国地下煤矿的综采生产线多采用液压牵引采煤机。1983 年，原太原矿山机器厂首先引进英国森公司的 AM500 型液压牵引采煤机制造技术，经过几年的努力，实现了国产化。随后，佳木斯煤矿机械厂、鸡西煤矿机械厂、辽源煤矿机械厂、淮南煤矿机械厂和西安煤矿机械厂等专业厂也具备了同类机械的生产能力。多数产品的装机容量为 200 ~ 400 kW，适应煤层倾角为 250 ~ 300°，采高范围为 1.4 ~ 2.6 m，截割速度为 2.8 ~ 3.1 m/s。

1. MGY200/475 型液压牵引采煤机

20 世纪 90 年代，在总结多年经验和不断完善的基础上，原太原矿山机器厂成功研发了 MGY200/475 型液压牵引采煤机，并很快推广。其装机容量为 475 kW，采高范围为 2.0 ~ 3.5 m，截割速度可达 3.35 m/s。新机型采用了多电机横向布置，取消了底托架；机身由左右牵引传动箱和泵箱 3 段组成；两段之间采用燕尾槽和楔铁定位，以高强度螺栓和偏心螺母连接坚固；截割部采用了现代电牵引采煤机的传动形式。

2. 安德森牵引采煤机

原太原矿山机器厂于1993年引进了英国安德森公司的电牵引采煤机制造技术，在吸收国际多种电牵引采煤机的技术特点，综合分析和比较国内外先进机型的技术参数的基础上，形成了自己的特色产品。目前，国内已有几个厂生产电牵引采煤机，形成了规格型号齐全的系列产品，装机容量为 500 ~ 1 800 kW，采用 3.3 kV 电压和机载交流变频调速技术；

机面高度在 1 200 mm 以下者，机身采用三段组合式，弯形摇臂，降低了机面高度，增加了过煤空间；机面高度在 1 200 mm 以上者，机身采用主机架形式，直形摇臂，便于克服较大的截割阻力和牵引阻力，机身的各大部件可方便地从采空侧抽出；左右两侧的摇臂（及电机）、牵引传动箱（及电机）、调高油缸等均可互换；滚筒配有镐形截齿，适宜截割硬煤层、夹矸煤层和发育岩层。国内最新研发的电牵引采煤机采用计算机集中控制，配装先导监控运行、故障显示和数据储存同放系统，具有先导监控运行、故障显示和数据储存同放系统，具有遥控及零速自行制动功能，可实现四象限运行，同时带有瓦斯继电器等安全保护装置，确保工作安全可靠。

目前，在国内外煤矿的采煤工作面使用的采煤机主要有滚筒采煤机和刨煤机。我国大中型煤矿的综采工作面，绝大多数使用滚筒采煤机，并以电牵引采煤机为主，刨煤机开采方法和装备技术还未得到广泛应用。

目前，国内电牵引采煤机与国外先进机型相比，总体技术参数方面已经相当接近。采煤机的最大装机功率已达 2 560 kW，电压为 3.3 kV；单个截割电动机的功率都在 750 kW 以上，最大电压已达 900 kV；滚筒直径为 2.5 ~ 3.1 m，截深为 800 ~ 1 000 mm；采煤机最大截高可达 6.3 m；最大牵引速度为 28 ~ 30 m/min；滚筒截割速度已达 0.4 ~ 0.6 m/s。

最近几年研制的滚筒采煤机多采用“积木式结构”，各单元之间没有机械动力传动，工作系统简单可靠，主要部件和电机可以左右互换使用。特别是现代最新滚筒采煤机，截割电机在摇臂上横向布置，机身为框架结构，各主要部件安装在框架内，摇臂铰接在框架的两端，通过控制液压系统和调节液压缸行程，即可改变截割滚筒的工作高度，而且给设备拆装和维修带来极大方便。

电牵引采煤机采用的调速系统主要有直流传统调速系统、交流变频调速系统、电磁滑差离合器调速系统和开关磁阻电机调速系统（简称 SRD），它们的调速原理不尽相同，但基本都可分为控制部分和牵引电机部分，简化了调速系统结构，提高了精确性和可靠性。在这几种电牵引调速系统中，交流变频调速技术在采煤机上的应用已趋向成熟，SRD 技术在采煤机上的应用日益广泛。这两种调速技术系统，是目前电牵引采煤机的主要选择对象。

应该看到，我国在大功率采煤机的研制方面虽然取得了突出成就，但与国外最先进的大功率采煤机相比，在结构设计水平、传动技术与电气性能、总体技术与先进性等方面还有一定差距。国内外大功率采煤机主要技术参数比较如表 2-1 所示。

表 2-1　国内外大功率采煤机主要技术参数比较

项目	国内	国外
最大装机功率/kW	2 560	2 690
最大适应采高/m	6.3	6.5
适应工作面长度/m	300	450
最大牵引速度/（m/min）	28 ~ 30	30 ~ 32
主要齿轮寿命/h	5 000 ~ 6 000	2 000
主要轴承寿命/h	8 000 ~ 9 000	30 000
大修周期产量/万 t	150 ~ 180	500
无故障运行期/月	6 ~ 8	12 ~ 18

二、国产电牵引采煤机

1. MG1000/2500-WD 型电牵引采煤机

太原矿山机器集团有限公司生产的 MG1000/2500-WD 型电牵引采煤机如图 2-1 所示。

图 2-1　MG1000/2500-WD 型电牵引采煤机

2. MC650/1580-WD 型电牵引采煤机

辽原煤机制造公司生产的 MC650/1580-WD 型电牵引采煤机如图 2-2 所示。

图 2-2　MC650/1580-WD 型电牵引采煤机

3. MG1150/3000-WD 型电牵引煤机

（1）适应性能。

太重煤机生产的世界最大功率 MG1150/3000-WD 型电牵引采煤机（图 2-3）是针对中硬厚煤层地质构造研发设计的。该机是在成功完成年产原煤千万吨大采高大功率 MG1000/2500-WD 型电牵引采煤机项目的基础上，经过对大采高电牵引采煤机关键技术的系统研究，进一步提升和创新，成功研制的综合指标更先进、可靠性更高、结构更合理的电牵引采煤机。该设备是具有自主知识产权的综采设备，其装机总功率达到 3 000 kW,实现了一次采全高 7.2 m 厚煤层的开采,每小时产煤量 4 500 t,可满足煤矿一井一面一次采全高年产原煤千万吨的要求。该产品总体结构合理、技术参数的定位有前瞻性，达到了国际先进技术水平，具有广阔的市场应用前景。

（2）基本参数。

MG1150/3000-WD 型电牵引采煤机基本参数如表 2-2 所示。

表 2-2　MG1150/3000-WD 型电牵引采煤机基本参数

项目	参数
装机总功率/kW	3 000
最大采高/m	7.2
每小时产煤量/t	4 500
适应倾角/°	≤16
牵引力/kN	823 ~ 1 778
滚筒直径/mm	3 000/3 600
牵引速度/（m/min）	12.5 ~ 30

图 2-3　MG1150/3000-WD 电牵引采煤机

4. MG650/1480-WD 型电牵引采煤机

MG650/1480-WD 型电牵引采煤机如图 2-4 所示。

图 2-4　MG650/1480-WD 型电牵引采煤机

5. 连续式采煤机

IMM 国际集团的连续式采煤机如图 2-5 所示。

图 2-5　连续式采煤机

经过数年的努力研发，可以说国产采煤机的总体结构、装机功率和牵引能力等技术指标，已经达到（或接近）国际先进水平。但在驱动系统可靠性和自控系统适应性等方面，还有一定差距。采煤机的合理重型化和高度智能化，仍是我们的发展方向，特别是各种薄煤层（0.8 ~ 1.3 m）高水平采煤机的开发和推广，更是亟待解决的问题。

目前，我国自行设计制造的几种电牵引采煤机，都已经过几年的生产实践考验，证明机型设计合理，技术参数先进，使地下煤矿的生产水平上了新台阶。几种国产电牵引采煤机的使用情况如表 2-3 所示。

表 2-3　几种国产电牵引采煤机的使用情况

规格容量/kW	最高日产量/万 t	最高月产量/万 t	使用矿山
600	2.5	56（采区条件较好）	潞安矿业集团
700	1.5	30.1（地质条件复杂）	平顶山煤业集团
900	1.5	39	兖州矿业集团
930	2.3	49	兖州矿业集团
1 200	2.2	43	神华煤电集团
1 800	4.6	108	神华集团金烽公司

三、薄煤层开采设备

我国薄煤层资源储量丰富且分布广泛，但薄煤层开采存在工作面断层、矸石等地质构造复杂，开采空间小，薄煤层技术装备相对落后，机械化程度低，工作面操作人员多，开采效率低下，安全系数低，井下操作工人的安全性无法得到保障等问题。为落实“无人则安”的煤炭开采理念，中国煤矿机械装备有限责任公司与中国煤炭进出口公司联合研发了薄煤层滚筒采煤机无人自动化工作面成套设备。

薄煤层滚筒采煤机综采工作面的无人自动化实现途径主要是成套设备集中远程自动化控制+人工干预，通过大功率薄煤层开采成套设备及工作面成套设备的集中控制自动化、各单机自动化（程序控制和远程控制）、设备的工况检测与故障诊断、设备之间的通信联系、信息交换和集中监测与控制（集成）、采煤工艺的最优化及智能控制系统，将控制、视频、音频、通信、网络及数据传输等技术集成应用到综采工作面，实现在工作面远程集中监控中心对工作面成套设备进行自动化控制，并将工人从工作面解放出来，实现薄煤层工作面少人化乃至无人化开采。该工作面实现了记忆切割、采煤机精确定位、采高及仰附采判别、视频跟机切换、跟机移架、成组推溜、斜切进刀、割三角煤、多循环清浮煤等自动化采煤及各设备间数据交换、互动、闭锁、集中显示、工况监测预警及远程访问等功能，实现复杂地质条件和局部煤岩同采，实现了工作面少人乃至无人开采，为目前国内装机功率最大、信息集成最全、自动化程度最高、使用效果最好的薄煤层无人自动化设备。该设备型号与特点如表 2-4 所示。

表 2-4　设备型号与特点

设备	型号	特点
采煤机	MG2*160/710-AWD	适应煤层薄，最低开采高度为 1.1 m；装机功率大，能够煤岩同采；自动化程度高，实现了工作面自动化开采；监控功能齐全，具有地面和异地视频监控和工况监测功能
液压支架	ZY6000/10/21D	
刮板输送机	SGZ730/400	
转载机	SZZ730/200	
破碎机	PCM110	
皮带机自移机尾	ZY2300	

中煤北京煤机公司研制的薄煤层滚筒采煤机无人自动化工作面成套设备如图 2-6 所示。

图 2-6　薄煤层滚筒采煤机无人自动化工作面成套设备

四、综采成套设备

1. 大采高工作面综采成套设备

（1）成套设备内容：① 液压支架（ZY17000/33.5/75D 型）；② 刮板输送机（SGZ1400/3×1600 型）；③ 采煤机（MG1000/2550-GWD 型）。

（2）生产能力：该综采成套设备可实现国产设备年产千万吨原煤。

（3）图 2-7 为中煤北京煤机公司生产的大采高工作面综采成套设备。

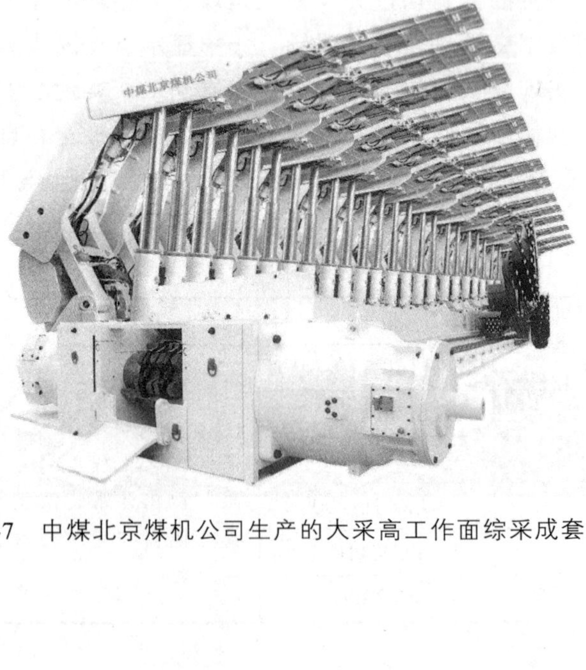

图 2-7　中煤北京煤机公司生产的大采高工作面综采成套设备

2. 放顶煤综采成套设备

（1）成套设备内容：① 液压支架（ZF10000/23/37 型）；② 工作面前部输送机（SGZ1000/2×1000 型）；③ 工作面后部输送机（SGZ1200/2×1200 型）；④ 采煤机（SL750 型）。

（2）生产能力：该综采成套设备创造了单面日产 7.5 万 t，年产过 1 200 万 t 原煤的国家产业化综采记录。

图 2-8 为中煤下属煤机公司生产的放顶煤综采成套设备。

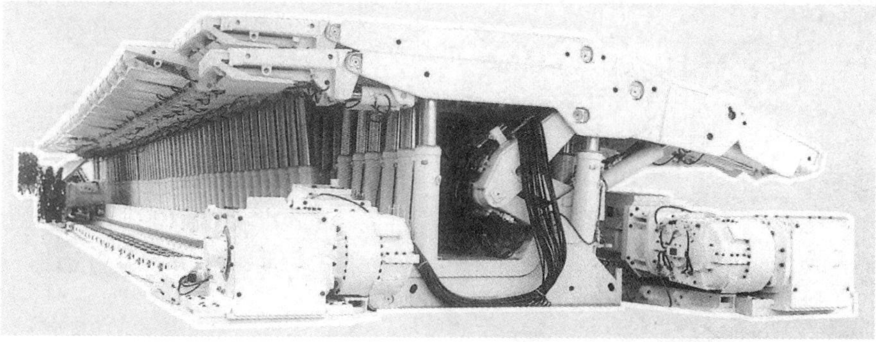

图 2-8　中煤下属煤机公司生产的放顶煤综采成套设备

五、刨煤机

1. 全自动刨煤机

中煤北京煤矿机械有限责任公司和西安煤矿机械有限公司生产的 HB38/2×400 型全自动滑行刨煤机，如图 2-9 所示。

图 2-9　HB38/2×400 型全自动滑行刨煤机

2. 全自动刨煤机成套机组

（1）成套机组设备内容：刨煤机（BH38/2×400 型）；液压支架（ZY7000/09/18D 型）；刮板输送机（SGZ764/800 型）；刨煤机自动控制系统；液压支架电液控制系统；工作面集中控制系统。

（2）应用：该成套设备可实现薄煤层工作面自动化无人开采，现在南梁煤矿进行工业性试验。

图 2-10 为全自动刨煤机成套设备机组。

图 2-10　全自动刨煤机成套机组

六、国外的几种采煤机

1. 山特维克 MC470 型连续采煤机

山特维克MC470型连续采煤机是为房柱式采煤法开发的一台兼具最高生产效率和灵活性的连采机，是一台低地面压力和强悍的液压履带驱动采矿机，配有 35 mm 截齿系统的截割滚筒，安装在一个垂直移动的工作臂上，由两台 270 kW 的电动机驱动。

该机的下方是一个带有旋转体的浮动式铲装板，将煤块送进输送机。设备的核心部分是能够承受各种截割力（包括向上采截）的重型刚性机架。另外，它亦能从一组尾部稳定器获得额外帮助，最大限度地减少对地面的破坏。

该设备由无线遥控，并能保护软管、电缆和零件免遭顶板和筋条下落的破坏。用小直径拖缆即可实现 3.3 kV 电力供给，令机器轻松运行。除尘器为截割区除尘，而低截割速度亦使尘埃保持在低水平。车载设备还包括一个健康监控可视化屏幕，以及带液体连续过滤和冷却的负荷感应液压系统，如图 2-11 所示。

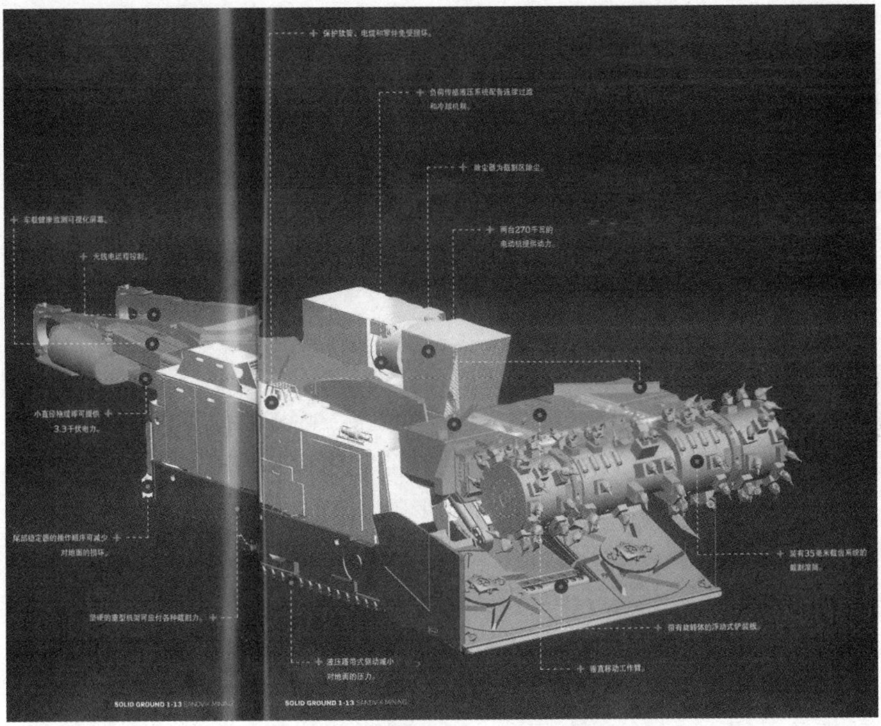

图 2-11　山特维克 MC470 型连续采煤机

其他设备在向上采截时一般都不够稳定，当截割滚筒上的截齿在工作面向上爬行时往往会出现问题，但是 MC470 就能避免这一情况。

为了使 MC470 充分发挥能力，需要对此类开采的标准作业循环进行修改。例如，先以滚筒直径一半的深度开始向上采截，这样可产煤约 15 t，几乎能装满一辆 20 t 的梭车，还有 5 t 煤是以滚筒整个直径的深度采截时挖出，这时第一辆梭车可以驶离。然后，向下采截的煤可一次性装满第二辆梭车。最后，仍有第三辆梭车跟在 MC470 后面，以便 MC470 进行地面清扫，再继续第二个作业循环。装煤台配备大容量煤仓，便于在梭车切换时，让 MC470 持续截割。

MC470 采用履带移动，这样能帮助避免连续采矿机给地面带来不必要的损坏，减慢梭车速度或破坏轮毂。履带对于赋予采矿机所需的灵活性也非常重要。

2. 久益环球公司 12CM 系列连续采煤机

久益公司生产的 12CM 系列连续采煤机主要应用于中高煤层，可在最恶劣的条件下保证采煤的高效性及可靠性。

该系列采煤机的基本部件在设计上是类似的，均通过多年的现场验证，每台设备都可适用多种功率电机，电机、齿轮箱、控制器和其他主要部件均可以从外侧防护板打开进入。其设计理念是使各主要部件相互隔离，并且便于故障检修与维护，连续采煤机的电机分别单独直接驱动截割系统、牵引系统、集料系统和液压系统，这样可使服务与维修更加快捷方便，从而减少停机时间及维护成本。

（1）湿式截割系统。

久益连续采煤机的湿式截割系统在每个滚筒截齿头后均安有喷水嘴，用以降低潜在的摩擦点并减少粉尘吸入。喷出的水雾既是冷却剂又是湿润剂，达到同时解决两类问题的目的。此外，喷出的水雾还具有润滑作用，从而大大提高截齿头的使用寿命，湿式截齿系统所消耗的水量要少于标准连续采煤机喷水降尘的用水量。该系统的核心是喷水嘴里外均进行表面碳化防水处理，可以使喷水嘴用到设备必须翻修为止。

（2）双链轮链条运输系统。

所有的连续采煤机均配置久益公司具有专利权的双链轮连续采煤机运输链条系统。与传统链条相比，双链轮链条在张力强度上要高 50%，由并联的 2 个八齿链轮驱动，可提供优异的扭转刚度。并且这些特性降低了链条突然断裂的可能性。加大了链条与链轮的接触面，大大地减少了磨损量，延长了这两类部件的使用寿命，双链轮运输链条的间距均等，绕驱动链轮和回转轮平稳运行，可降低噪声 3 dB，从而明显降低连续采煤机操作员接触的噪声等级。

（3）最新的交变频 VFD 技术。

该设备的牵引系统是建立在多年现场性能测试的基础上，提供更加持久的整机机动性。获得专利的 OPTIDRIVE 交流电子器件结合紧凑型全齿轮转输，为整机提供平稳、可靠的服务。即使在最苛刻的应用条件下，截割电机反馈和牵引差分功能也可优化掘进支护性能。可选的宽履带架适用于特别地面。无电刷交流牵引电机具有高可靠性，并可以把维修次数降低至最少。

（4）多种语言控制平台。

FACEBOSS 控制平台配置多种语言，由现场工作人员操控多种语言控制平台，确保设备不论在何处运行，都可以使单位生产成本最低。该平台采用标准配置，统一的配置减少了培训费用以及电气维修人员需要掌握的知识面，使用维护和检修工作效率大大提高，还可通过多种途径将连续采煤机的生产率最大化。

在掘进支护周期和截割周期内，通过控制牵引电机速度和相应的液压截割速率，确保最佳化的截割头负荷，截割速度自动保持在尽可能高的状态。

反馈控制回路在发生堵塞和热过载时，可保护所有的电机，从而延长电机使用寿命并降低停机时间。在操作员换班和操作环境变更时，使设备在工作面上运行保持一致性。如通过摇臂角传感器自动控制截割摇臂的位置，确保适当保持设备底板和顶部的水平状况。

可预选设备可设置典型截割要求的不同运行参数（如全刀、半刀、横刀截割等），并且可通过连续采煤机远程控制站便捷、快速地选定，从而避免不必要的延误。图 2-12 为久益 12CM 系列连续采煤机。

图 2-12　久益 12CM 系列连续采煤机

七、端帮开采设备

1. 端帮开采适用范围

端帮开采是近年来逐渐发展起来的一种新型非传统采矿方法，主要用于浅地表煤、山坡露头煤和露天矿端帮煤等用常规技术手段难以开采或不经济的薄煤层开采。该方法可以有效回采露天矿边帮压煤，获得传统开采方式无法获得的资源。由于其技术上的特殊性，端帮开采严重依赖于专用设备。

早在20世纪40年代起，国外就开始尝试端帮开采，对于稍厚的煤层，还可以采用房柱法，但对较薄的煤层，比较常见的是采用螺旋钻水平开采的方法。该方法是按一定的间隔在煤层上用螺旋钻水平钻出一排孔洞，以获取煤炭。显然，这种方法在钻杆直径和煤层厚度较匹配时回采率还是比较高的，但是灵活性很差，为适应煤层厚度变化需要准备多种直径的钻杆，在方向控制上也非常困难，因此钻进深度不是很深。此外，接钻杆和转移工作位置也相当麻烦，因此效率不高。为提高效率，后来还出现了双头钻杆，但未能从根本上改变该方法的弊端。

20世纪80年代，随着技术的进步出现了连续采煤机开采的方法，这基本上是将井下开采方法移植到了地面，由于连续采煤机是可控的，除了保留的煤柱外，其余的煤炭基本都可以得到开采，因此回采率较高，其生产能力和生产效率取决于推进煤层的深度以及整体转移的速度。

1994年，基于连续采煤机开采方法的SHM端帮联合采煤机在美国诞生了，该机是端帮开采的集大成者，具备了简洁、安全、自动化、模块化、机动性等多种特点，生产能力和生产效率都达到了很高的水平，能最大化回收矿山资源及降低生产成本。该机适用于开采煤体支撑性好、顶板中等稳定、煤层平坦、起伏不超过12°、厚度不小于0.7 m的煤层。作业时无须任何操作人员进入巷道工作，采煤过程全部自动完成，所有控制行动均在地面完成。日常操作上也只需34天即可完成。由于无须支护，因此经济性非常好。

2. 端帮采煤机的发展状况

2007年，SHM被特雷克斯收归旗下，此后又随特雷克斯其他矿业产品线并入比塞洛斯，如今又成为卡特彼勒的一道独特风景，卡特彼勒称之为露井联合端邦采煤系统。近30年来，端帮联合采煤机已经在美国、俄罗斯、印度等国的数十座煤矿投入使用，经过不断改进，其单洞采深已由最初的30 m提高到300 m，日产煤量最高可达7 000 t，月产量约为11万t。

3. 端帮联合采煤机的采煤布置

端帮联合采煤机通常布置在待开采的煤层端帮前方的空地或台阶，即可对水平或倾斜等较复杂条件的煤层进行开采，系统控制的截割头由液压缸通过推进臂推入煤层进行截割，被截割下的煤炭通过推进臂系统运出巷道，转至外部的旁侧地面堆放，最终在开采端帮形成一系列矩形断面的平行巷道。

4. HW300 型卡特彼勒端帮联合采煤机

图 2-13 为 HW300 型卡特彼勒端帮联合采煤机。

图 2-13　HW300 型卡特彼勒端帮联合采煤机

（1）截割部分。

截割部分由可更换、模块化的电动截割头组成，根据煤层厚度不同，有两种规格的截割头模块可供选择，薄煤层截割头模块截割煤层的厚度范围为 0.76 ~ 1.62 m，截割宽度为 2.95 m，刀头功率为 2×123 kW；中等厚度煤层用的 331 型截割头模块来自卡特 CM235 型连续采煤机的截割头模块，截割煤层的厚度范围为 1.3 ~ 3.05 m，截割宽度为 3.5 m。刀头功率为 2×175 kW。开采过程中截割头由计算机系统控制，精确地沿煤层厚度进行截割，避开岩石。

（2）导向部分。

为实现截割头的正确导向，HW300 可选配地质导向伽马射线探测系统，可以根据此系统返回的信息进行导向，使得截割头完全在煤层中进行截割，避免割顶或卧底现象发生。为了更精确地在巷道中进行导向，还可选配基于光纤陀螺定位仪的导航转向系统，这是一种惯性导航系统，可以提供非带精确的截割头模块的实时位置数据，用以调整截割头模块的转向以及控制煤宽度。

（3）推进和运输系统。

推进系统是 HW300 最具特色也是最重要的组成部分之一，重型液压动力站上的两个行程达 6.85 m 的巨型液压油缸负责将推进臂组件和截割头模块推入或推出煤层，最大推力 133 t，回撤力高达 275 t，这是保证开采深度达到 300 m 的关键。推进臂为密封矩形结构，多节铰接组成，其连接不涉及电气及液压连接件，推进臂单节长度为 6 m。除了承受推力和回撤力，推进臂同时也是运煤工具，推进臂内置了双螺旋运输机，将截割下的煤炭运输到外部地面，其密封结构避免了污染。推进臂直线推进，由陀螺定位仪监控，300 m 内左右误差不超过 0.2°，但纵向可以沿煤层的走势进行起伏。每台机器配备 50 节推进臂，保证 300 m 的开采深度。

（4）动力卷盘系统。

在 HW300 车体机构上方布置了一个巨大的圆形卷盘，所有的动力电缆、控制电缆、液压管路、电机冷却水管以及各种传感器管路等，都铠装在高强度防砸的夹具内，随着采煤过程中推进臂的推进或回撤，沿着推进臂侧边的凹槽向截割头提供动力，管链总长 330 m。整个采煤过程中卷盘自动完成管缆的收、放动作。

（5）卸载系统。

HW300 可在尾端选装旁侧转载系统，可以将开采后运出巷道的净煤堆放在设备的旁侧，使得 HW300 可以在狭窄的台阶上进行作业。除了可以直接卸载堆料，也可以直接将煤炭转运到皮带运输系统上，方便远距离运输。

（6）行走系统。

相比较之前的所有端帮开采设备，HW300 提供了前所未有的机动能力，通过四条液压驱动的履带可在开采区域内进行快速移动、定位，大大提高了效率。每条履带通过其上的液压支柱支撑车体，履带可绕支柱旋转 90°，液压支柱行程可达 1 m，可以精确调整机器高度以适应煤层。行走系统分为行走模式和开采模式，在行走模式下设备可在有限的空间进行 360°旋转；在开采模式下，设备可以精确地在开采巷道间移动，并准确定位待开采巷道。无论何种模式，4 条履带都由计算机进行控制，驾驶员无须控制每一条履带。

（7）结构及锚固。

HW300 模样怪异，不同于任何其他类型的设备，其主体结构全部暴露在外，分为两层，下层为工作层，主要有液压动力站、截割头、推进臂和卸载系统，如自带发电机组，也安装在下层；上层主要有推进臂装卸装置、动力卷盘、控制系统、小驾驶室等。上下两层在垂直方向连接后通过液压支柱支撑在履带上，为了确保作业过程中的稳定性，在开采系统前端两侧还配有两套液压驱动的地基螺旋钻，可快速完成 2.5 m 深的钻孔工作，将定位柱伸入钻孔后可锚固机器。

（8）操作和控制。

HW300 采用人性化设置的操作室，高架结构可以全方位观察系统的全部运行情况。操作环境不仅舒适，还配有强大的人机智能系统，只需一名人员操作两个触摸显示屏就可以控制整个系统的巷道内开采作业。各系统由可编程控制器 PLC 进行具体控制，操作员的任务是监控并发出指令。PLC 的使用可以延长设备的可靠运行时间，同时提供了全面的自我诊断系统。除了在操作室，通常还需要两名人员工作在推进臂的拼接和拆卸区域，以引导推进臂的拼接并固定。

（9）拆卸和运输。

HW300 采用了模块式设计，方便采煤机系统长距离运输以及矿山重新定位。在开采地点完成安装通常只需三天，而完全拆卸成各个模块只需两天就可以。解体后的模块尺寸和重量都适合进行普通公路运输。在矿山内部，根据具体环境，可以通过履带自行移动，也可以通过拖车进行整机运送。

在实际运用中，HW300 通常还需要一些外围设备进行配合，如开采出来的煤炭一般可用装载机从料堆直接装车运走，也可以用胶带机来运输，另外将堆放的推进臂运到机器近旁或运走拆下通常也需要用到装载机。如机器本身未配备发电机组，也无外部电源，可在现场配备移动式发电机组为其供电。

端帮采煤机对于提高整个矿山资源回采率有着重要意义，同时其安全、高效、生产成本低的特点也吸引了越来越多的矿山。相信这一非常规采矿方法会得到更广泛的应用。

第三节　刮板输送机

在综采设备系统中，刮板输送机不但是采煤工作面担负运煤的运输设备，还是采煤机的运行轨道和液压支架的移动支点。在综采设备的运行过程中，还要悬挂工作设备的电缆、水管及信号网线等。因此，刮板输送机是否稳定可靠和高效运行，直接影响着煤矿企业的生产能力和经济效益。

一、刮板输送机的技术现状

目前，国内研制的刮板输送机主要有双边链、双中链和单条链等 3 种。在重型刮板输送机上，多数采用双边链结构形式。国内煤矿的重型刮板输送机，装机功率多为 2×525 kW 或 2×700 kW，少数使用 2×855 kW；溜槽内宽 1 000 mm 或 1 200 mm，运输能力为 2 500 ~ 3 000 t/h。

经过多个厂家近几年的不断探索，刮板输送机中部槽结构，已由传统的挡板结构改进成框架结构、C 型槽结构或整体焊接结构，中板厚度为 45 ~ 50 mm。大功率和大运量的刮板输送机，其中部槽的两侧槽帮分别与挡、铲板铸成一体，再采用高强度无螺栓连接。在中部槽上配有铸造侧开口槽，不但简化了维护检修，而且可与多种采煤机、掩护式液压支架配套使用。

近年来，随着矿业装备技术的不断进步，一些新技术也已不断地应用于刮板输送机。例如，将液力耦合器、限矩摩擦离合器及调速耦合器等软启动技术用于设备的过载保护；将液压紧链器、自动伸缩机尾等“机电一体化”技术用于设备的自动化控制。同时，速度、温度、电流及探伤等现代监控检测装置也在不断地用于刮板输送机。

目前国内生产的刮板输送机已普遍采用新结构、新工艺和新材料，使产品不断更新，技术性能日趋完善，可靠性和使用寿命显著提高。但与先进国家的产品相比，在整机性能、关键零部件寿命、可靠性和控制监测方面还有差距，其主要技术参数比较如表 2-5 所示。

表 2-5　国内外刮板输送机主要技术参数比较

项目	国内产品	国外产品
最大装机功率/kW	2×1 250	3×1 250
最大运输能力/h	3 000 ~ 4 000	4 500 ~ 5 000
溜槽宽度/mm	1 000 ~ 1 200	1 000 ~ 1 300
中板厚度/mm	45 ~ 50	50 ~ 60
减速器寿命周期煤产量/万 t	600 ~ 800	1 000
条寿命周期承运量/万 t	300 ~ 400	400 ~ 500
整机使用寿命过煤量/万 t	800 ~ 1 000	1 200

二、刮板输送机的发展创新方向

太原科技大学王荣祥、任庭、张晶晶等提出刮板输送机的发展方向如下：

（1）向大功率、长距离、高速度发展。增大输送距离，铺设长度延长为 300 ~ 400 m；提高输煤速度，达到 1.5 ~ 2.0 m/s；输煤量达到 3 800 ~ 5 000 t/h；装机功率大于 3 600 ~ 3 800 kW。

（2）减少传统螺栓联结，提高溜槽可靠性和使用寿命。以整体铸造槽帮钢、组焊中板形成中部槽结构。为满足互换性要求，并与大功率采煤机配套使用，内槽宽将保持在 900 ~ 1 250 mm，也可向更大宽度发展。

（3）提高主要零部件的强度和耐磨性能。采用大直径（40 ~ 45 mm）无焊缝锻造刮板链，提高链条及刮板的承载能力。溜槽中板和底封板均采用高强度耐磨钢板。配用自动控制可伸缩机尾，避免由于链条过紧空载耗能过大，或链条过松引起堆链和漂链事故。

（4）采用软启动技术，缓冲起动超载。选用双缓液力耦合器或排水型耦合器，配有程序逻辑控制器控制水的流速。从而提高刮板输送机的工作可靠性，改善驱动电机的工况，延长链条、链轮及刮板等零部件的使用寿命。

（5）实现工况监测和自动故障诊断。配有可靠的监控技术系统，对减速器、刮板链条和驱动链轮等传动零部件的运行，进行实时监测和状态显示，具有故障报警、数据存储及联机传输等功能。

三、SZZ1550/700 型桥式转载机

中煤张家口煤矿机械有限责任公司生产的转载机输送能力为 120 ~ 4 500 t/h，装机功率 40 ~ 700 kW，槽宽 630 ~ 1 550 mm，运输长度可达 80 m，整体性能及可靠性可满足普采、高档普采及综合机械化开采工作面的顺槽运输要求，转载机整机寿命（过煤量）达到 400 ~ 3 000 万 t。

SZZ1550/700 型桥式转载机主要技术参数如表 2-6 所示。

表 2-6　SZZ1550/700 型桥式转载机主要技术参数

项目	参数
输送量/（t/h）	4 500
设计长度/m	80
中部槽内宽/mm	1 550
装机功率/kW	700
刮板链形式	中双链

四、胶带输送机

随着我国煤炭工业综合机械化采煤工艺的不断更新，煤炭采掘速度提高很快，相比之下，井下运输设备发展滞后。下面介绍胶带输送机先进的设计方法和一种胶带输送机的改进及应用供设计者和施工者参考。

1. 德颐姆仿真项目的管理和设计

德颐姆方案公司已经与许多矿业公司和工程采购和施工管理公司（EPCMs）合作来开发和完善 EDEM 软件和仿真服务，满足采矿业散装物料处理设备优化设计的具体挑战。

这个合作的成就就是产生一个新方法，结合专用软件（EDEMBulkSim），材料物理测试和德颐姆模型校准的一个完整的解决方案使工程师们在工程设计周期内具备快速、早期、准确的评估设备性能的能力。

2. 德颐姆方案的应用

（1）物理材料测试服务。

物理材料测试为 EDEMBulkSinm 仿真中的材料模型校准提供了基础，这些测试衡量了在动态流动状态下矿井实地样品的真实表现是怎样的。

这些测试不同于传统的综合压力测试，传统测试常常为筒仓和料斗提供设计数据，但这些数据不应该使用到输送传输设备的设计中。传统测试的使用是有限的，因为他们只提供静态和准静态的材料数据，不能代表材料流动通过散装物料处理设备时的动态性质。此外，这种实物规模的传统测试意味着颗粒尺寸必须缩小到适合进入剪切测试机的程度。

德颐姆解决方案与客户紧密合作，散装物料样品来源于输送设备将要处理的实地取样，并和当地的散装颗粒动态流量测试的专家合作管理测试流程。

（2）材料模型校准服务。

任何散装物料处理仿真的基础就是需要用数据模型的形式来描述真实材料。通过它的材料模型校准服务，德颐姆方案公司使用云计算和数学优化设计，为特定的材料来明确和校准最佳的德颐姆材料模型。因此，它准确代表了动态流量测试的状态研究。重要的是，这种德颐姆校准材料模型是基于测量物质的物理属性，表示 EDEMBulkSim 仿真中的真实材料。

在校准期间和真实材料的状态相链接，这意味着你的设计决策是基于仿真真实的材料，它会让你对设计更有信心。客户可以建立一个校准的德颐姆材料模型库，这样将来可以重用这些材料模型并扩充这些材料模型。

（3）EDEMBulkSim 软件。

EDEMBulkSim 软件给了用户评估设备实际性能的能力。输送转运点的设计工程师们已经在开始使用这个软件，而不仅仅是德颐姆的仿真专家。EDEMBulkSim 内置的材料模型模块有强大的功能，这得益于物理材料测试和材料模型校准服务。使用这些内置的材料模型，EDEMBulkSim 可以复制散装物料各种各样的流动状态，从精细干燥的粉末到含水量高的原矿石和原煤。

EDEMBulkSim 软件允许设计师们虚拟测试一个设计性能。它们能识别和修改设备有可能堵塞的区域，识别哪里的流量发生分歧和分散，检查物料流动到接收机上时是否对准以及物料进入接收机时的速度是否适当，或者调整输送机进料破碎机和其他破碎设备的流量以确保负载平衡。依据材料和设备之间的相互影响，该软件还提供给设计师所需的资料，选择最佳的磨损保护位置以及必要的磨损保护。

在矿业公司对在矿井寿命期内可能发生的物料流动特性的变化范围进行预测之后，每一个输送转运点性能的灵敏度分析可以作为一种手段来减少未来发生故障的风险。

（4）协助解决方案布置服务。

德颐姆公司拥有专业和广泛的散装物料仿真能力和丰富的指导矿业经验，确保工程设计师们一开始就能领悟到他们的需要，并把EDEMBulkSim整合到用户的工作流程里。

实际上使用仿真设计和评估散装物流处理设备为采矿业填补了一个空白。基于仿真设计的设备在其他行业是非常认可的。现在，随着EDEMBulkSim软件和支持方法的出现，基于仿真设计的散装物料处理设备也开始有效地应用于采矿业。

矿业经营者使用仿真方法获得显著的战略和运营效益，他们能大大减少计划外停工的风险以及避免系统性的生产损失。更重要的是，可以减少用于维修的昂贵缓冲库存。通过提前仿真多个传输点的情况，可避免或推迟设备的延迟和更换。仿真为采矿业提供了强大的决策支持数据，如设备物料通过量的限度，预估系统寿命，并可能在不同的操作环境下运行，然后做出最后的购买和决策。

3. DSP1010/650型伸缩式胶带输送机的改进和应用

（1）DSP1010/650型伸缩式胶带输送机存在的问题。

DSP1010/650型伸缩式胶带输送机作为目前各矿普遍使用的井下运输设备，在使用过程中暴露出以下问题：

① 机头传动部分结构比较复杂，备件更换频繁、维护、维修工作量大，井下安装调试不方便；

② 机头占用巷道空间大，不利于操作作业。

以上问题极大地制约了井下掘进速度的提高，降低了生产效率。

目前大多数矿井运输长度较短，一般为 100 ~ 500 m，低于标准的DSP1010/650型伸缩式胶带输送机设计长度 1 000 m，但运量却基本保持在 100 ~ 150 t/h 不变。

矿山企业迫切需要一种机头传动部分结构相对比较简单、维修更加方便、电机功率匹配适当、机头占用巷道小的胶带输送机，以满足实际生产需要。

（2）输送机改进的措施及内容。

① 机头选用电滚筒。

标准的 DSP1010/650 型伸缩式胶带输送机设计运输长度为 1 000 m，带速为 1.6 m/min，驱动电机功率为 40 kW。在运输长度仅为 100 ~ 500 m 情况下，电机功率出现富余；而在运输长度为 100 ~ 500 m 时，电滚筒则可发挥驱动功率小、安装简便、维护量小的优点。经分析研究，我们将原驱动装置的电机-液力联轴器-减速器-滚筒的组合传动改为 2 台 BYD160-65×63 型隔爆油冷式电滚筒，然后根据选用的电机，重新设计了机头架的结构。机头传动部分采用电滚筒，简化了机头传动部分的结构，方便了安装、维修，从而提高了生产效率。

② 重新设计机头架。

标准机头架是在胶带运输长度 1 000 m、电机功率 40 kW 情况下设计的，当选用电滚筒时，机头架结构显然不合理。技术人员对机头架的结构改进如下：原设计高度 1 105 mm 不变，宽度由 1 600 mm 减小到 1 100 mm，2 个直径为 630 mm 的电滚筒水平轴距为 1 000 mm，垂直轴距为 50 mm，保证了胶带互不干涉。同时，机头架顶部加防护盖板，防止运行过程中杂物落到胶带上；底座采用整体结构形式，简化加工制作；中立柱与底座组焊在一起，保证有效地支撑电滚筒，并能在一次装卡时分别加工各支撑面，保证 2 个电滚筒安装后轴线的平行度，避免运行过程中胶带跑偏；电滚筒支座采用铸钢材质，直角结构形式，改变因其受力不好易损坏的不利局面。机头架改进结构后，可大大减少占用巷道的空间。

③ 校核电机功率，选用合适电机。

电机功率可根据运输长度、倾角、运量等参数经计算确定。根据各矿运输长度、运量、带速和巷道倾角等参数的实际情况，利用公式法和逐点计算法，精确计算胶带机各点的受力情况，进而计算出各相应主要参数。根据计算的电机功率值，匹配相应的电机，保证电机功率的富余量不大于 25%，并选取相应的电滚筒，达到用户满意程度。

④ 其他改进。

一是在储带的张紧部分，根据运输长度较短的特点，尽可能地简化其结构，比如减少中部储带仓架组数等。

二是根据各矿巷道具体情况，选取相应的参数值，并考虑用户要求的储带仓架组数，利用精确计算法和公式法，精确计算胶带各点的受力大小，选定合适的张紧力，调整张紧绞车，达到用户满意。

（3）输送机改进后的特点。

适用于运输长度较短的情况，一般为 100 ~ 500 m；整体结构简单，布置合理、紧凑，占用空间小，整机重量轻，生产成本低，方便安装、维修；驱动功率合理，有效地降低费用，增加效益；备件数量少，有利于减小库存，方便管理。

改进结构形式的该型胶带输送机已在冀中能源显德汪煤矿、邢台煤矿和东庞煤矿等投入使用，各矿均反映此设备运行情况良好，故障率低，安装、维修方便，既提高了生产效率，又增加了经济效益。此次改进，为煤矿企业在今后井下短距离伸缩式胶带输送机的设计开发方面提供了宝贵的借鉴经验。

第四节　液压支架

一、液压支架的技术水平

目前，我国井下煤矿液压支架的品种和类型比较齐全，基本能够满足不同地区不同地质采出煤矿生产需求。最大液压支架的支护高度已达 7.2 m，中心距为 2 m；最大工作阻力为 13 000 kN，支护强度为 1.0 ~ 1.1 MPa，多数为两柱和四柱掩护式；支架工作寿命循环次数超过 35 000 次；快速移架的液压系统已将支架完成“降、移、升”循环时间缩短至 10 ~ 12 s；可满足采煤机截深 800 ~ 1 000 mm 的工作需求。

二、液压支架的操作控制方式及其发展

液压支架的操作控制方式及其发展如图 2-14 所示。

近年来，我国煤矿装备制造企业瞄准先进目标，与世界接轨，在资金投入、设备水平、技术储备和研制能力等方面均有长足发展。创新了一批高水平的传动件、液压件和智能元件，并做到“人无我有，人有我特，人特我精”，有力地促进了我国地下煤矿生产技术水平的提升。常见国产液压支架的主要参数如表 2-7 所示。

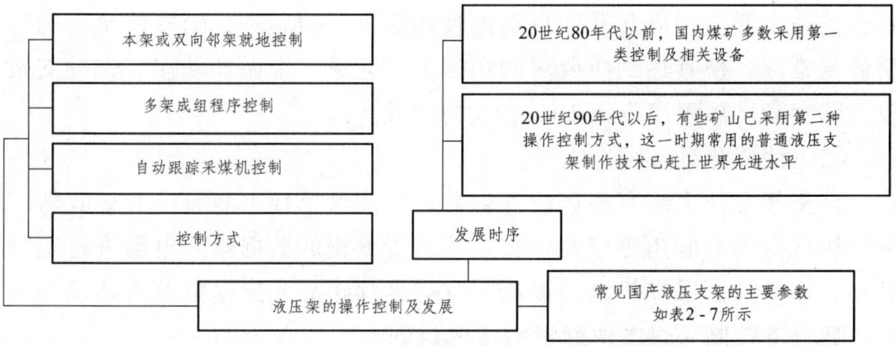

图 2-14　液压支架的操作控制方式及发展时序

表 2-7　常见国产液压支架的主要参数

支架形式	ZY2400/14/30	ZFS3300/26/35	ZZ2800/15/30	ZFQ2000/16/24	ZF3200/15/22B	ZZ4000/18/39
支架高度/mm	1 400～3 000	1 500～2 400	1 500～3 000	1 600～2 400	1 500～2 200	1 800～3 900
支架宽度/mm	1 410～1 580	1 220～1 360	1 200～1 340	1 220～1 270	1 400～1 570	1 410～1 580
支架中心距/mm	1 500	1 250	1 250	1 250	1 500	1 500
劫掠强度/MPa	0.48～0.54	0.5	0.62～0.67	0.5	0.59～0.64	0.70～0.72
初撑力/kN	1 850～2 050	1540	2.250	1540	2 400～2 600	3 130～3 230
伸缩梁行程/mm	600	600	600	—	700	—
泵站压力/MPa	31.5	31.4	30	31.4	31.5	25
立柱初撑力/kN	960	385	563	385	631	785
整机重量/t	8.2	6.9	8.8	6.1	9.5	13.6

现代综采工艺流程要求煤矿液压支架实现智能化自控，并使用测量系统。

（1）液压支架实现智能化自控。

现代综采工艺流程要求，当采煤机前滚筒截割到液压支架时，液压支架应能及时自动收回前探梁和护帮板，以防止干涉和误割；当采煤机后滚筒截割过后，液压支架再伸出前探梁和护帮板，立即实施支护；接着再按一定滞后距离和顺序自动推移运输机，然后进行降柱移架，到位后恢复支撑，使其达到所要求的初撑力，完成一个循环动作。先进支架设备的全套循环程序应在 10 ~ 12 s 内完成。

（2）使用测量系统。

在支架立柱上装有超声波发射器，在溜槽挡板上装有信号接收器，采煤机机身装有倾角感应器，将这些装置测得的数据输入电脑进行实时处理，反馈控制采煤机滚筒高低、支架推移距离和运输机调查状况，从而达到自动控制采煤工作面平直度的目的。

三、液压支架的形式变革和供液系统改造

“三机一架”在井下煤矿采场实施综采工艺，是一项复杂的系统工程。设备布置和运行，是互相联系和相互制约的，单靠某一设备的结构先进、性能好，并不能获得工作面综采工艺（整体系统）的优化状态。只有截割煤层快、煤流输送及时、移架推槽迅速、煤巷掘进超前，才能使综采工艺实现高效高产。其中，关于液压支架的形式变革和供液系统改造如图 2-15 所示。

四、矿山液压支架的设计应用

在当代矿山设计中，三维实体模型比二维图形更加直观、形象，并且能够应用于运动学、动力学仿真和有限元分析，应用也更加切合实际。因此，近几年三维建模软件的应用范围得到了飞速扩展。就矿山液压支架设计而言，采用三维软件来进行设计，目前国内还处于起步阶段，没能够深入系统地将其应用到具体设计当中。本节旨在介绍平煤集团设备租赁公司何小特以 SolidEdge 软件对 ZZS4600/13/25 型液压支架进行建模，实现了支架的运动仿真，供读者参考。

1. 液压支架三维建模的目的和原则

SolidEdge 软件是美国 EDS 公司推出的面向中、低端客户的基于参数和特征的三维设计软件，与其他大型三维软件相比，价格较低，建模方便，能够满足矿山液压支架设计的要求。

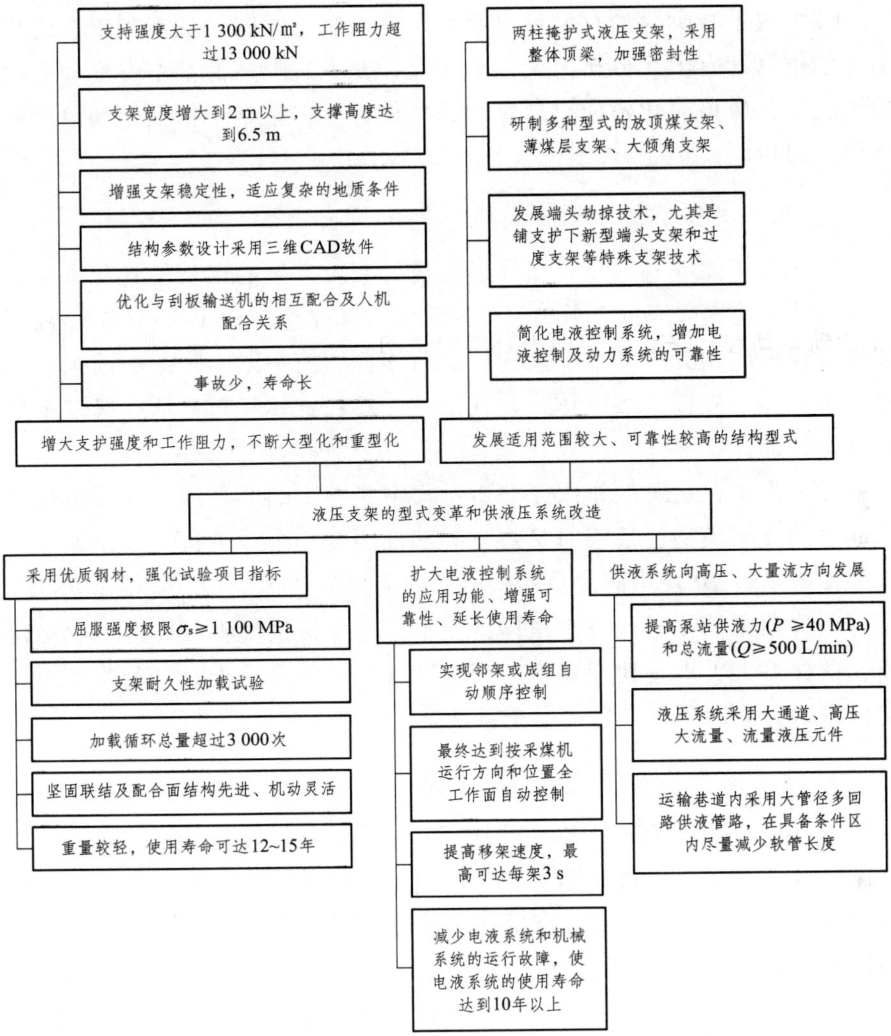

图 2-15　液压支架的型式变革和供液系统改造框架图

在实际设计中，创建液压支架模型不仅是为了造型，近期主要目的是为了支架参数与结构的修改，长远目标是为了对液压支架虚拟样机进行动力学仿真和有限元分析，更好地服务于液压支架设计工作。

在液压支架建模过程中，应遵循以下原则：

（1）在液压支架设计过程中，修改零件体的结构和尺寸是必不可少的工作，所以我们所创造的支架零件造型应有完整的结构，齐全、正确的尺寸和几何约束，以便随时可以修改不合理的结构和尺寸。

（2）为了减少模型存储量以及缩短模型生成时间，更有利于在进行动力学仿真和有限元分析时文件的转化，在不影响零件基本特征和受力的情况下，应该简化建模对象复杂的特征，并忽略细小特征，如较小的倒角和圆角。

2. 液压支架零部件划分及模型简化

（1）为了能够利用三维实体模型进行液压支架的运动仿真分析，在对支架开始建模前应首先需确定单独建模的部件。ZZS4600/13/25 型液压支架在建模时划分成底座、前连杆、后连杆、掩护梁、顶梁、前梁、立柱一级缸体、立柱二级缸体、立柱活柱、短柱缸体和短柱活柱等多个单独建模的部件。

（2）为了在后续的有限元分析过程中能够正确、合理、高效地利用已建立的支架模型，建模时又对支架部件的复杂结构进行了简化处理。比如顶梁是近 70 块不同规格的钢板拼焊而成的箱体结构，但在建模过程中可以将顶梁简化看作一个整体，而不是用焊接模块将板件逐个焊接建模，这样可大大提高建模速度，而在进行支架强度分析时，若要考虑焊接的影响，只需乘以一定的安全系数。

3. 液压支架零部件建模时的注意事项

在 SolidEdge 软件的 Part 模块中，可以通过拉伸、旋转及除料等几个常用命令对支架进行建模。一个模型有多种建模的方法，建模的过程更是因人而异。总体而言，在液压支架零部件建模过程中，应该注意做到以下几方面：

（1）不断变化合适的参考工作面和工作坐标原点，参考工作面和工作坐标原点选择准确恰当与否，直接影响草图生成的准确性和建模的速度。

（2）尽量采用高效、方便的建模方法。比如包含、镜像、排列等，这些命令能够使我们利用已有的特征，减少重复性的工作。

（3）用特征命令建模时尽量使用临时草图，临时草图生成的模型可以减少文件的存贮量。有利于模型转化到其他工作环境下进行分析。

4. 支架虚拟样机装配过程

在 SolidEdge 的 Assembly 模块中通过装配路径查找器对支架进行装配。与其他三维建模软件相似，在装配过程中，主要运用面匹配、面对齐、轴对齐及连接等几个命令。支架装配时，先把底座调入，其自动固定在装配件中，然后依次调入后连杆、前连杆、掩护梁、顶梁、前梁、立柱一级缸体、立柱二级缸体、立柱活柱、短柱缸体和短柱活柱。在每个零件的调入过程中，要通过装配关系固定其位置。顶梁柱帽与立柱的活柱，底座柱窝与立柱的大缸体，短柱缸体与顶梁的短柱柱帽，以及前梁柱帽与短柱活柱间均采用点连接关系固定位置；立柱大缸体、立柱小缸体与立柱活柱间、短柱缸体与短柱活柱间均采用轴对齐关系固定位置；前梁、顶梁、掩护梁、前连杆、后连杆及底座间则采用轴对齐和面匹配关系固定位置。为了确保虚拟样机的初始高度准确无误，在确定顶梁位置时，可以先在顶梁和底座的面对齐关系下输入位置差值，待支架虚拟样机装配完成后将其删除。

在装配过程中或装配完成后，如果想编辑或修改液压支架部件的结构，可以在装配图中的路径查找器中直接编辑修改该部件，也可退出装配模块，直接在零件图中修改。修改完成存盘后，软件便会自动更新为支架三维实体模型中的相关文件。

为了使支架具有良好的稳定性，在液压支架设计过程中常常需要确定其质心位置，而在三维机械设计软件应用于支架设计之前，一般很难给出精确的质心位置。虚拟样机装配完成后，通过设置其物理属性就能够简单、准确地确定支架的质心位置。

虚拟样机装配完成后，可以对主要配件和运动部件进行干涉检查，检查出干涉情况后，分析原因，并对液压支架进行必要的编辑和修改。

为了能够从各角度各方位查看液压支架的虚拟样机，可以通过虚拟演播室（VirtualStudio）环境使支架在设计路径下做旋转运动，也可以将模型文件转换成 MTV 格式。这样，液压支架的三维实体模型可以按设计要求在多媒体环境下全方位、多角度播放。

五、国产液压支架

1. ZY13000/28/62D 型掩护式液压支架

中煤集团鄂尔多斯分公司属所矿区研制的厚煤层一次采全高智能化液压支架，已成功应用于神华集团、陕煤集团、晋煤集团等矿区。该设备适用于深部埋深、软基岩、冲击地压条件下，5 ~ 6 m 采高范围的安全高效智能化综采工作面支护。

技术性能：支护高度为 2 800 ~ 6 200 mm；支护强度为 1.33 ~ 1.44 MPa；工作阻力为 13 000 kN；中心距为 1 750 mm。

中煤 ZY13000/28/62D 型掩护式液压支架如图 2-16 所示。

图 2-16　ZY13000/28/62D 型掩护式液压支架

2. ZY12000/22/48D 型掩护式液压支架

ZY12000/22/48D 型掩护式电液控制液压支架是中煤装备公司为澳大利亚卡利登公司库克煤矿研制的国际新标准高可靠性高寿命产品。液压支架寿命试验达到 14.7 万次，再创世界纪录。

技术性能：支护高度为 2 200 ~ 4 800 mm；支护强度为 1.03 ~ 1.16 MPa；工作阻力为 12 000 kN；中心距为 1 750 mm。

中煤 ZY12000/22/48D 型掩护式液压支架如图 2-17 所示。

3. ZY18800/36/80D 型电控液压支架

40 多年来，平顶山煤矿机械有限责任公司先后研制生产了各类液压支架产品 10 万余架，装备了全国煤炭企业的一千多个综采工作面，填补了多项国内煤机装备制造行业空白，创造了多项世界第一。

ZY18800/36/80D 型电控液压支架，其工作阻力达 18 800 kN，支护高达 8 m，再次刷新了世界纪录，为目前世界上支护高度最高、工作阻力最大的掩护式电控液压支架。该支架为整体顶梁，前端带有伸缩梁及一、二、三级护帮板，可以有效地支护顶板及煤壁，防止片帮。此电控支架

立柱采用 Φ500 mm 缸径，为了保护支架整体的稳定性及各个状态受力均衡，运用专业的运算程序，进行四连杆机构优化及配合间隙的控制。

图 2-17　ZY12000/22/48D 型掩护式液压支架

ZY18800/36/80D 型电控液压支架主要技术参数如表 2-8 所示。

表 2-8　ZY18800/36/80D 型电控液压支架技术参数

项目	参数
工作阻力/kN	18 800
支架高度/mm	3 600 ~ 8 000
支架强度/MPa	1.31 ~ 1.38
初撑力/kN	12 364
支架中心距/mm	2 050
立柱缸径/mm	500

平煤机 ZY18800/36/80D 型电控液压支架如图 2-18 所示。

六、ZY3200/08/16D 型薄煤层液压支架的研制

我国的薄煤层资源丰富，全国薄煤层的储量占全部可采储量的 17.5%，且煤质较好。但由于薄煤层工作面的特殊地质条件，其采煤生产效率低，严重影响经济效益。老母坡矿 2#煤层位于山西组的中下部，工作面倾角为 5° ~ 8°，煤层 1.12 ~ 1.54 m，平均 1.23 m，煤层直接顶为黑色泥岩，局部含有 0 ~ 0.3 m 伪顶，底板为灰黑色粉砂岩，含泥粉砂岩，

煤质为优质主焦煤，经济效益好。为了实现 2#煤层的高产、高效及安全生产，针对煤层的具体地质条件，认真总结国内外薄煤层液压支架设计使用经验，研究设计了 ZY3200/08/16D 型薄煤层液压支架。

图 2-18　ZY18800/36/80D 型电控液压支架

1. 技术特征

ZY3200/08/16D 型薄煤层液压支架的技术特征如表 2-9 所示。

表 2-9　ZY3200/08/16D 型薄煤层液压支架的技术特征

项目	特征参数
形式	两柱掩护式支架
型号	ZY3200/08/16
工作阻力	3 200 kN（P=38.5 MPa）
初撑力	2 616 kN（P=31.5 MPa）
支护高度	800 ~ 1 600 mm
支架宽度	1 400 ~ 1 570 mm
支架中心距	1 500 mm
支护强度	0.37 ~ 0.55 MPa
对地比压（前端）	1 ~ 1.4 MPa
操作方式	电液控制

2. 设计与研制内容

根据冀中能源邢矿集团山西古县老母坡煤业有限公司 2#煤层的赋存情况，同时考虑不影响煤质，确定采高为 1.2 ~ 1.5 m，由于受空间的限制，支架设计时在满足强度和通风安全的基础上尽量减少结构尺寸。其设计如图 2-19 所示。

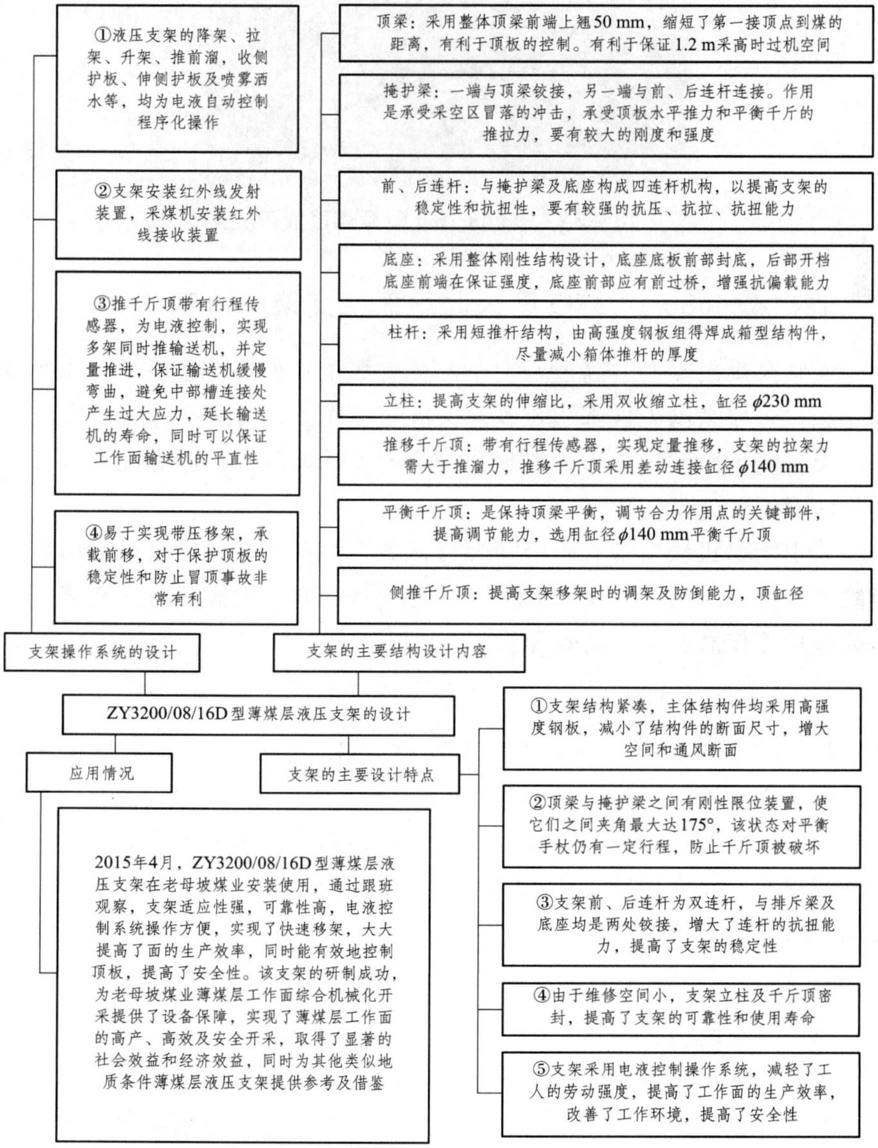

图 2-19　ZY3200/08/16D 型薄煤层液压设计与研制框架图

ZY3200/08/16D 型薄煤层液压支架如图 2-20 所示。

图 2-20　ZY3200/08/16D 型薄煤层液压支架

七、ZZ4600/17/37Q 型大倾角液压支架的研制

大倾角煤层高产、高效及安全综合机械化开采一直是采煤行业的技术难题，多年来国内外都很重视对大倾角工作面设备进行深入研究。液压支架是实现大倾角工作面机械化开采的关键设备，其适应性直接关系工作面能否安全高效开采。

冀中能源机械装备有限公司邢台机械厂针对辽宁北票煤业冠山矿具体地质条件，研制了 ZZ4600/17/37Q 型支撑掩护式大倾角液压支架，确保大倾角工作面安全、高效开采。

1. 矿山地质条件

辽宁北票煤业冠山煤矿工作面倾角为 33° ~ 45°，工作面倾斜面长 125 m，走向长度 2 100 m，走向倾角 8° ~ 17°。煤层 2.3 ~ 3.5 m，平均 3.1 m，最薄处 1.6 m，大多为 2.7 ~ 3.4 m，0.8 ~ 1 m 处煤层夹矸比较集中。底板为砂质泥岩，允许比压 2.2 ~ 3.8 MPa。顶板为砂岩，厚度在 0.4 ~ 1.2 m 之间，属易破碎顶板。

2. 液压支架主要参数的确定

（1）工作阻力。

液压支架工作阻力的确定对于工作面技术经济效益关系很大，既要保证对工作面顶板实现可靠地支护，又要避免过大的设备投资，导致浪费。根据冠山煤矿顶、底板情况，工作面压力显现情况以及现有支架的使用情况，确定支架工作阻力为 4 600 kN。

（2）支架高度。

根据煤层赋存情况，确定支架最大高度为 3.7 m；根据目前成熟的架型以及立柱液压行程（即支架伸缩比）的数值，本液压支架最小高度确定为 1.7 m。

（3）架型选择。

目前，支架形式普遍为两柱掩护式和四柱支撑掩护式，且各有优点，考虑操作人员使用经验和熟练程度，该方案支架采用四柱支撑掩护式。

3. 多液压支架四连杆设计

四连杆机构是支架的主要稳定机构，其作用主要是保证支架的横向和纵向稳定性及承受和传递外部载荷，该支架四连杆通过优化设计，有如下主要特点：

（1）支架在全高度变化范围内，双扭线变化量仅为 30 mm，有利于工作面顶板管理。

（2）通过优化设计，使支架前、后连杆的受力较小，该支架前连杆最大受力为 3 454 kN，相当工作阻力的 75%，后连杆受力为 3 389 kN，相当工作阻力的 73.6%。这样有利于保证连杆的安全系数及与底座、掩护连接处的销轴安全系数，大大提高了整架的安全系数。

（3）掩护梁背角范围为 11.1°～59.4°，能有效防止支架掩护梁背矸，避免支架受力复杂。

4. 支架主要结构设计特点与支架防倒防滑设置的设计

支架主要结构设计与支架防倒防滑设置的设计如图 2-21 所示。

5. 生产应用情况

ZZ4600/17/37Q 型支撑掩护式大倾角液压支架在北票煤业冠山煤矿井下安装使用后，通过跟班观察，支架适应性强，稳定性高，设计的防倒防滑装置安全可靠，单工作面平均日产量达到 1 500 t。该支架的研制成功，为北票煤业冠山煤矿综合机械化开采提供了设备保障，实现了大倾角条件煤层的高产、高效和安全开采，取得了显著的社会效益和经济效益。同时，为其他类似地质条件大倾角煤层的液压支架设计提供了参考借鉴。

ZZ4600/17/37Q 型支撑掩护式大倾角液压支架如图 2-22 所示。

- 液压支架防倒防滑装置的设计
  - 排头支架防倒防滑装置
    - 为防止液压支架的倒架、挤架、下滑、排头支架是整个工作面的基础，解决了排头支架的防倒防滑，其余以此为基准，整个工作面支架的防倒防滑就能解决
  - 工作面支架防倒防滑装置
    - 由于有排头支架为基础正常情况下，工作面支架通过活动侧护板和调架梁主动防倒防滑，不安装上述防倒防滑千斤顶，但每架支架都留有安装防倒防滑装置的连接座，当遇断层等情况用户也可以装防倒防滑千斤顶
  - 输送机防滑装置
    - 输送机是液压支架的防滑基础，支架都是通过推杆与输送机连接，其解决方案：①推杆与底座间隙单侧15 mm，从而使摆杆动量减小，实现运输机防滑；②利用支架锚固刮板运输机，利用支架底座防滑耳上预留的ϕ100防滑孔和连接头，防滑千斤顶圆环与溜槽连接，以支架为支点依靠防滑装置牵牢刮板机防止溜子下滑
- 支架主要结构设计特点
  - 铰接式顶梁设计
    - ①铰接式顶梁的前梁在千斤顶的作用下可以上下摆动，对不平顶板适应强，运输时可以将前梁放下，减少整体运输尺寸
    - ②分体顶梁设计减小了顶梁前部的支撑力，人为将支架合力作用点后移，避免四柱支架由于顶板软造成的支架后柱受力过小甚至受拉的工况
  - 伸缩梁带护帮板设计
    - 采用伸缩梁带护帮板设计，使采煤机过后伸缩梁伸出可临时支护，支付刚暴露出的顶梁、减小顶板对煤壁的压力，有利于煤壁片帮的控制
  - 支架前为双连杆，后连杆采用整体H形连杆与护梁及底座均是两处铰接，增大连杆的抗弯、扭能力，提高了支架的稳定性。后连杆上带有固定侧板，防碎效果好
  - 支架采用了主动防倒、防滑机构
    - 顶梁的侧护板和底座侧面的双底调千斤顶伸出，紧靠下一架的下降架，主动防止移架过程中倒架、滑架，能使液压支架与运输机始终生关死劫理想使用状态
  - 立柱中心距加大倒80 mm，底盘宽度加大到1 380 mm，提高了支架的稳定性，同时减小了底板的比压，适应工作面底板软的地质条件
  - 根据现行大倾角液压支架技术条件要求，支架四连杆机构的孔与销的最大配合间隙不大于1.6 mm，该支架最大配合间隙为1.07，提高了支架的抗偏载能力
  - 顶梁与掩护梁铰接处采用潜入式结构，即铰点在顶梁后部内下侧，以防止破碎石入支架内伤害人员
  - 支架设有机道挡杆装置，以防止采煤时煤块、碎石滚落，给工作面人员造成人身伤害

图 2-21　液压支架的设计框架图

图 2-22　ZZ4600/17/37Q 型支撑掩护式大倾角液压支架

第三章　地下矿机械掘进设备

地下巷道（隧道）掘进传统的方法是凿岩爆破。机械掘进法，曾经有过采用劈裂机和破碎剂破岩，而最引人注目的国内外用得最多的是地下巷道机械掘进机，也是本章主要介绍的内容。

在矿业发展史上我国是一个矿业原料利用和采掘大国，以采煤为例，不论是煤的储量、煤的产量还是煤的消耗量都可为世界之最。进入 21 世纪以来，我国的煤炭产量平均以每年 12%的速度增长，以 2003—2012 年为例，产量由 14 亿吨提升到 39 亿吨，煤炭消耗在我国一次能源生产中已占 76%，而且还在不断增长。

我国煤炭资源埋藏量大，煤矿分布广，最多时达十万余座。长期以来，有相当一部分煤矿规模小、产量少，不安全因素很多，无法实现机械化和自动化，成为进一步提高煤炭产业现代化的阻力。因此，政府有关部门于“十五”期间就拟订了相关中小煤矿并转整合规划，要求“十二五”末，山西、陕西、山东及内蒙古等主要产煤区，在规模为 100 万吨以上的煤矿把 100 个普采工作面升格为高普档普采工作面，把 100 个高档普采工作面升格为现代化综采工作面，要使大型煤矿的机械化程度达到 90%，中型煤矿的机械化程度达到 80%。

煤矿生产实践证明，井田划分和采煤工作面尺寸的确定，与采用的设备规格是密切相关的。为保证实现商户稳定，并具有良好的工作环境和安全条件，就必须选用现代化综采设备。如果选用配套的综采设备，就需要布置合适的竖井、斜井、运输大巷、切割巷道和采准巷道等；这些井建工程在中小型矿山都无法实现。只有改造采煤工作落后的中小型矿山，进行合并或扩大规模，才能引进现代化矿山生产设备，同时改善通风、排水、顶板或围岩支护条件，确保生产安全。所以，中小型煤矿进行科学整合是煤炭产业获得新生和走向现代化的必由之路，今已初见效果。

一、掘进机的研制水平

回采和掘进均为井下煤矿生产的重要环节，巷道快速掘进技术及其装备水平直接关系到煤矿生产的工艺合理性和生产能力，先进的掘进设备及支护技术是保证煤矿高产高效的必要条件。所以，国家对井下煤矿提出的方针是采掘并重。

井下煤矿在煤层内成巷，使用煤巷掘进机；在煤岩共生矿层内成巷，使用半煤巷掘进机；在围岩层中成巷，则使用岩巷掘进机。在高效综采设备系统中，使用最多的是悬臂式煤巷掘进机和半煤巷掘进机，并与单体锚钻机配套作业。

经过十余年的引进消化、鉴别吸收和积极自主研发，我国已形成年产 1 000～1 200 台掘进机整机制造能力，根据不同煤矿的地质条件和回采工艺特点，研制出 20 多种机型，其截割功率为 30～200 kW，已形成系列化产品。特别是近几年研制的以 EBJ-160TP 型掘进机为代表的换代机型，可满足煤巷和半煤巷掘进作业要求。它以中型和重型设备为主，可截割的岩石硬度 f 为 6～12，截割功率为 160～170 kW，整机质量为 35～36 t。随着岩巷掘进工艺技术的发展，重型悬臂式大断面岩巷掘进机也已研制成功。例如，EBH315 型掘进机，其截割功率可达 315～320 kW，最大截割断面为 38～40 m^2，截割破岩压力可达 100～120 MPa，其主要技术指标均已接近世界先进水平。

虽然国内生产厂家已研制成功重型悬臂式掘进机，但在整机性能、零部件可靠性、控制技术、截割方式及除尘系统等方面还有较大差距。国外重型悬臂式掘进机主要技术参数的比较如表 3-1 所示。

表 3-1　国内外悬臂式掘进机主要技术参数比较

项目	国内	国外
最大截割功率/kW	315～320	320～350
最大截割断面/m^2	38～40	42～45
最大截割破岩压力/MPa	100～120	120～130
最大切割高度/m	6.0	6.0～6.5
铲板宽度/m	4.0	4.0～4.5
整机重量/t	100～120	120～130

二、掘进机的技术发展方向

首先要增大截割功率，增强截割能力。现代重型悬臂式掘进机的截割功率最大已达 400 kW，截割头的转速最高为 50 r/min，最大截割硬度可达 140 MPa（f 为 12 ~ 14）。但行业内认为，随着截割功率的增大，截割速度要相应降低，有的机型已降速至 1 m/s，以满足截割头受力均匀、稳定性好和刀具消耗量小的要求。

其次要提高工作可靠性，增强对各种复杂地质条件的适应性。由于井下煤矿地质条件复杂多变，空间狭小，环境恶劣，因此要求掘进机设计精良，性能可靠，并有高质量的制造和调试，减少设备维修工作量和延长大修间隔期。应利用 CAD、CAE 及三维造型方法结合传统的截割头设计理论，不断优化设计。

第三要优化整机部件布置，采用紧凑化设计。掘进机悬臂较长，截割反力较大。针对这一问题，应尽量降低整机重心，并在掘进机后部的合适位置增设稳定油缸。可采用履带内藏式行星减速器传动技术，其具有占据空间小、传动效率高、通过性能好及爬坡能力强等特点。

第四要研发新型掘锚机组，实现巷道快速掘进。目前影响悬臂式掘进机掘进速度的主要因素是掘进与支护不能同步作业，支护工作时间过长。因此，应加速研制适用的新型高效的掘锚机组。这种机载锚杆技术功率大、钻孔能力强、适用范围广，材料消耗低，支护速度快，操作安全可靠。

最后应发展自动监测控制和负载反馈调速技术，实现对掘进工作面切割情况较直观、较全面的观察，并能对切割精度和巷道质量进行监测控制。该技术系统应包括断面边界设定和成形控制、设备水平姿态识别和调整、切割轨迹记录和显示、前进方向指示和引导、偏离方向和切割超限报警等项目；并通过负载反馈技术，合理地无级调整切割牵引速度，有效地降低功率损耗和液压系统发热，以使机器正常工作并延长使用寿命。

目前，国内几家主要制造企业正在改进和完善几种重型煤巷掘进机的结构及性能，以满足大型地下煤矿的生产需要，如表 3-2 所示。

表 3-2　几种国产煤巷掘进机的主要技术参数

型号	截割功率/kW	截割头转数/（r/min）	截割高度/m	截割宽度/m	截割硬度 f	装机功率/kW	机重/t
S75	75	46	4～6	4.9	3.6	124	25
EBJ75	75	46	3.6	4.9	3.6	124	25
EZ75	75	46	3.84	5.87	4～5	150	26.5
S100	100/60	46/23	6～7	5.1	4.5	145	27
EBJ110	110	46	6～7	5.5	5～6	150	28
S200	200/100	46/23	8～10	6.4	6	302	50
EBZ260H	260/200	46/23	4～6	48	9～14	350	70

第一节　巷道掘进机概述

一、国内外部分巷道掘进机

国内外部分巷道（隧道）掘进机机型、性能特点和研制单位如表 3-3 所示。

表 3-3　国内外部分巷道掘进机

掘进机型号	主要性能特点	研制单位
EBZ160B 型	低矮巷道	冀中装备集团石煤机公司
重型悬臂式掘进机	最大切割硬度 140 MPa（f 为 12～14）	
TBM 型全断面隧道掘进机	总长 238 m，机重 1 200 t，开挖直径 7.62 m，斜井开挖，集衬砌、出碴、运输、通风排水等功能于一身。斜井成套的施工装备	长沙中国铁建重工集团
三一 EBZ318H 型全岩掘进机	切割功率最大、总功率最大、截割面积最大、破岩硬度最高、重量最大的掘进机	三一重型装备有限公司

续表

掘进机型号	主要性能特点	研制单位
MB670 型掘锚机	集掘进、锚杆于一体，实现了截割、装载、支护同步，平行作业，一次成巷	瑞典山特维克
MB670-1 型掘锚机	采煤设备的机械化、系统自动化和管理系统信息化、安全性最高的长臂工作面掘进系统，带有可遥控技术，更安全、经济	瑞典山特维克
硬岩掘进机	具有切割、装载、装运、独立行走、喷雾降尘功能	舍弗勒集团
徐工 EBZ135 型、EBZ160 型、EBZ2200 型掘进机	三款产品配置高、可靠性好、重心低、机器稳定性强，最新配了 ZLJ-4 机载临时支护装置，支护面积大、支护强度高，为掘进机工作时提供安全可靠的支护，并能对新挖掘的巷道进行安全加固	徐工集团
EBZ200H 型悬臂式掘进机	该机的电气系统具有过流、过载、断相、欠压和失压保护功能，具备齐全的保护、故障诊断和排除故障方法显示	辽宁通用
三一 EBZ260H 型全岩掘进机	切割电机功率 260/200 kW，截割扭矩大，是 EBZ/60 标准型截扭矩的 1.7 倍，截割硬度可达 110 MPa,最大定位截割面可达 30 m^2	三一重型装备有限公司
山特维克 MR340 掘进机	质量 52 t，总长度 10.3 m，防护顶篷高度 1.85 m，装载台宽度 2.8 m，对地比压 0.13 MPa，电气系统 1 000 V/50 Hz，截割电机功率 200 kW，液压动力机组电机功率 63 kW，装载机发动机功率 2×36 kW。通过变压器 630 kVA，通过发电机组 800 kVA，输送电机驱动链条速度 1.1 m/s，输送机最大运量 40 m^3/h。截割参数：高度 4 870 mm，宽度 7 400 mm，底切 350 mm，截头速度 2.3 m/s，行走速度 0 ~ 8.8 m/min	山特维克

续表

掘进机型号	主要性能特点	研制单位
EBZ260 硬岩大坡度掘进机	爬坡能力在-25°～+21°,可全面解决设备上山爬坡掘进及下山掘进倒车，岩巷作业防溜车及工作稳定性，下山运料，下山泵站吸油，切割减速机润滑等大坡度工况技术难题	北京交通
EBZ160B 薄煤层掘进机	总装机功率 315.5 kW，最大掘进高度 3 090 mm，外形尺寸（长×宽×高）：10 400 mm×2 800 mm×1 500 mm；最大定位掘进宽度 4 815 mm；最大掘进高度 3 090 mm；截割岩石硬度≤80 MPa；履带行走速度 0～7 m/min；电压 1 140 V；适应巷道坡度±18°；机重 50 t	中煤装备

二、巷道掘进机的性能及应用

巷道掘进机的性能及应用如图 3-1 所示。

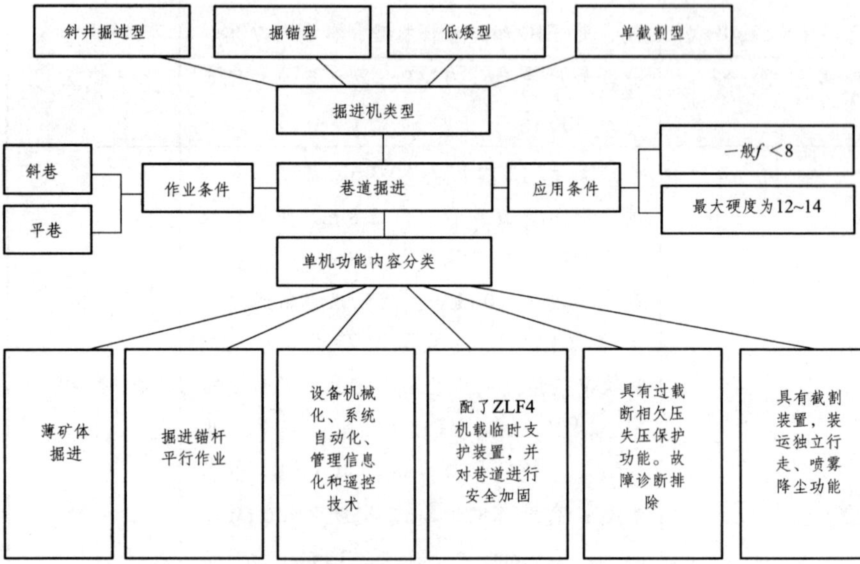

图 3-1　巷道掘进机的性能及应用框架图

第二节　掘进机 A11VO 变量泵液压系统的工作原理

掘进机行走油缸系统采用恒功率、压力切断、负载敏感单泵控制系统，其控制阀采用负载敏感比例多路换向阀。行走回路为恒功率控制，实现行走快速调动、工作钻进；油缸回路为负载敏感控制，实现油缸升降、回转等动作。

该系统一般采用力士乐生产的 A11VO 双联变量柱塞泵和 M4 系列多路控制阀。变量泵具有恒功率控制功能、压力切断功能和负载敏感控制功能。多路阀具有与负载压力无关的流量控制功能、负载压力补偿功能和 LS 压力限制功能。这两个关键元件共同组成具有负载敏感控制功能的掘进机液压系统。

一、恒功率控制工作原理

功率控制是对系统功率实行限制的控制方式。当系统功率达到调定的功率值时，排量调节机构通过减小排量使系统的功率限制在调定功率值以下。其工作原理是：变量油缸和复位油缸分别布置在泵体两侧，对变量机构进行差动控制；其中面积较大的变量油缸的压力受到变量控制阀的控制。作用在小活塞上的系统压力经摇杆在控制阀芯左侧作用推力 F，而阀芯右侧受到弹簧力的作用。由于小活塞装在与变量机构一起运动的复位活塞上，所以摇杆对阀芯的推力为 $F=PAL_1/L_2$（式中，P 为系统压力，A 为小活塞面积，L_1 为小活塞到摇杆铰点的距离，L_2 为变量控制顶杆到摇杆铰点的距离）。当摇杆推力大于弹簧推力时，阀芯右移，油泵压力油通过恒功率阀经阀进入下变量油缸，推动其活塞杆，克服复位油缸液压力并压缩弹簧使油泵向小流量方向摆动。同时，由于复位油缸活塞杆右移，顶杆顶推摇杆的力臂减小，使杠杆恒功率阀的压力下降，直至与恒功率阀弹簧力相等，油泵摆角处于新的平衡位置。

当油泵启动后，不操作任何回路，油泵的输出压力为 0.9 MPa，输出的油流量经过主控阀块 M4 三通阀流回油箱。油泵上的 3 个阀都没有动作。当操作行走换向阀后，在没有超过恒功率起调点前，油泵都是以最大流量提供给负载，使其行走回路正常工作。随着负载加大，油泵的压力也在不断地上升，达到恒功率起调点（超过可调弹簧的弹簧力）后，恒功率阀由左边位置推向右边，油泵的高压油经过恒功率阀流向斜盘摆角的变量油缸，使得斜盘向着 V_{gmin} 最小的方向移动。从而使油泵输出的流量减少，适应负载对压力的要求。但无论是压力升高，还是流量减少，它的功率是不改变的，当负载减小后，油泵压力回调至起调点以下时，油泵又以最大流量进行工作。如果起调点设的太低，设备所需流量还没有达到最大流量，就减少流量，使设备不能工作在满负荷状态下。也就是说，出现的后果就是设备显得没有劲，而这时压力切断阀也达到了卸载状态，进行卸载。如果出现这种情况，就应该将恒功率的起调点适当往高调节，设备就能正常运转。A11VO 变量泵工作原理如图 3-2 所示。

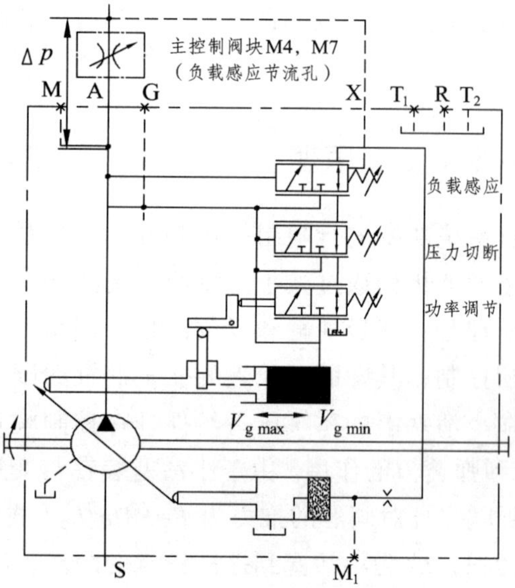

图 3-2　力士乐 A11VO 变量泵工作原理示意图

二、压力切断控制工作原理

压力切断控制是对系统压力实行限制的控制方式，和以前用的定量系统的溢流阀的作用是一样的，当达到预先设定的压力值（20 MPa 或 25 MPa）时，排量调节机构通过减小排量使系统的压力限制在切断压力值以下。当系统压力升高达到切断压力时，变量控制阀芯左移，推动变量机构使排量减小，从而实现压力切断控制。

此功能优先于功率控制，即恒功率控制在低于预先设定的压力值（压力切断设定值）时起作用。压力控制功能内置于泵的控制装置，并在工厂内设定成规定压力值，设定的范围为 5 ~ 35 MPa。

三、负载敏感控制工作原理

负载敏感控制是一种流量控制，它根据负载压力调节泵排量，使排量与执行器的流量要求相适应，其最大的特点就是可以根据负载大小和调速要求对泵进行控制，从而实现在按需供流的同时，使调速节流损失 ΔP 控制在很小的固定值，负载敏感变量泵与压力补偿阀配合使用可以实现单泵驱动多个执行机构的独立调速，各执行元件不受外部负载变动和其他执行元件的干扰。阀主要通过压力差 ΔP 对泵的排量进行控制，当 ΔP 与负载敏感阀阀芯弹簧压力不平衡时，阀芯偏移，使泵排量发生相应变化；泵的流量与安装在泵出口和执行器之间的外部传感节流孔的横截面积有关，流量在功率曲线和压力切断值之下以及在泵的整个控制范围内与负载压力无关，传感节流孔通常为单独安装的负荷传感换向阀（控制多路阀）。负载敏感阀阀芯的位置决定了传感节流阀的打开面积亦即泵的流量。负荷传感控制是比较节流孔上游和下游的压力，并保持节流孔的压降恒定。压差 ΔP 增大时，泵朝 V_{gmin} 方向回摆；当 ΔP 减小时，朝 V_{gmin} 方向摆动。直到阀内传感节流孔两端的压差恢复设定值。有 $\Delta P_{节流} = P_{泵} - P_{执行器} =$ 1.8 ~ 2.5 MPa（即 ΔP 的设定值范围为 1.8 ~ 2.5 MPa）。

从 $\Delta P_{节流} = P_{泵} - P_{执行器}$ 这个公式中可以看出：当 $\Delta P_{节流}$ 大于 $\Delta P_{节流}$ 设定值时，负载敏感阀是向左动作的，这时泵的流量将减少。随着负载压力的不断变大，Ls 反馈回来的负载压力也在不断增大；当 $\Delta P_{节流}$ 等于或小于 $\Delta P_{节流}$ 设定值时，负载敏感阀就会将阀慢慢地由左侧推向右侧，恢复原来的状态。负载的压力越大，反馈回来的负载信号 Ls 也越大，经过调整斜盘，使得斜盘摆角也越来越大，泵排出的流量也越来越大，直至达到压力切断值时为止。

实践证明，力士乐 A11VO 变量泵的变量系统大大降低了系统的溢流损失，提高了系统可靠性，满足了单泵供多个回路的不同压力和流量需求，且各流量之间互不影响。系统中各执行元件所需的流量或速度不受负载大小的影响。

第三节　巷道（隧道）掘进设备

一、煤巷掘进机的开发创新

快速高效地掘进所必需的采准巷道，对地下煤矿实现高效生产具有重大意义。随着近年世界先进国家矿业开发技术的飞速发展，煤矿巷道快速掘进设备也在不断地发展和更新。目前，煤矿巷道掘进工艺有 3 种模式，与之相适应的掘进设备主要分为 3 类。

（1）悬壁式设备掘进系统。这是 20 世纪 80 年代普遍使用的设备，技术比较成熟，但不具备锚杆支护钻装功能，掘进成巷效率较低；

（2）掘锚同机不同时作业装备系统。虽然掘进装置与铺杆装置在同一台设备上，但不能平行运行而采用多巷道掘进锚杆交叉作业；

（3）掘锚同机同时作业装备系统。巷道掘进和锚杆支护可以平行运作，由行走机构带动前移，设备开机效率较高，可实现单井巷的快速掘进。

随着我国煤矿锚杆支护技术的普及，开发快速掘锚组合装备已成为地下煤矿实现高产高效的关键问题。要实现掘锚设备快速成巷，首先要成功制造性能良好的掘进机，而掘锚机组的研制应该在掘进机设计时就考虑锚杆机的优化配置。在这方面，国内企业也经过了漫长的引进、消化吸收和开发创新的历程。

为了尽快提高国产煤矿掘进机的设计制造水平，以满足我国煤炭工业的高速发展，淮南煤矿机械厂、佳木斯煤矿机械厂和南京晨光机械厂于 20 世纪 80 年代引进了奥地利和日本的煤矿掘进机设计制造技术，结合我国煤矿生产的实际情况，经过几年的技术改选，形成了一定的生产能力。

在引进国外技术的初期，S100 型掘进机是国内企业重点研究并实现国产化的样机。国内用户反映该机的机身太高（1 800 mm），铲板太宽（2 800 mm），截割头的直径较大（970 mm），不适合我国一些煤矿较小断面（5 ~ 6 m^2）巷道的掘进工作，而且对巷道作业条件的适应性较差。针对这些问题，相关企业对引进样机进行了结构改造和创新设计：将机器高度降为 1.5 ~ 1.6 m；将铲板改成主铲板两侧装配副铲板的形式，并有 2.1 m、2.4 m 和 2.8 m 等 3 种规格；截割头的最大直径缩小为 720 mm，从而扩大了该机型的使用范围。此外，还降低了耙爪关节部件的高度，避免了截割头与铲板的干涉现象，减小了工作阻力；行走装置采用双支承链轮结构并加大行走功率，改善了受力状况，增强了爬坡能力。

二、EBZ260H 型全岩掘进机

由沈阳三一重装有限公司研制的 EBZ260H 型全岩掘进机在七台河精煤集团新铁煤矿的工业性试验取得圆满成功，填补了国内掘进机 f=14 以上全岩大硬度巷道掘进的空白。此次 EBZ260H 型全岩掘进机主要用于新铁煤矿主运输巷掘进。该巷道为全岩巷道，断面为圆弧拱，面积为 16.7 m^2，宽 4.8 m、高 4 m，硬度系数为 4.5 ~ 14.2，其中以大于 8 的岩石为主。试生产期间，掘进层主要为中砂岩并富含石英，岩石硬度在 9 ~ 14.2。

1. 截割能力强

截割头采用国际一流技术，设计单刀力大，截齿布置合理，破岩过断层能力强。大惯量保证了载荷波动小，小截割头可增大切割力，使用拥有自主专利技术的截割头载荷计算软件，优化了截齿数、崩裂角、齿向角等可最大限度地改善截齿受力，降低机器工作时的振动，减少截齿和齿座的磨损。岩卷掘进采用专用截齿，提高了耐磨度。采用有效的截割双速技术，截割电机功率 260/200 kW，截割扭矩大，是 EBZ160 标准型截割扭矩的 1.7 倍。在节理发育的地质状况下，能有效、经济地截割硬度为 90 MPa 的全岩断面，最大定位截割断面可达 30 m^2，截割硬度可达 110 MPa。

2. 增加可调力的水平支撑

该机还创新地设计了伸出后可顶到帮、收回后与机身同宽的水平支撑油缸，其压力可调，这相当于机重增加了 40 t，有效加强了机器工作的稳定性。同时，接地比压小，仅为 0.168 MPa，适应底板范围更广。

3. 除尘效果好

截割岩石时，据测量，硬度高的砂岩巷道粉尘含量可高达 1 000 mg/m^3。该机配备了一种专利设计的高效除尘系统，充分利用掘进机巷为独头巷的特点，可根据断面面积大小、压入风量的多少来合理配备机载高效长压短抽式除尘系统。其水浴式除尘方式的总除尘效率可达到 95%以上，能将粉尘完全压制在迎头 2 ~ 3 m 的范围内。

4. 高效装运

岩石装运很容易在铲板和第一运输机卡料，这是制约进尺的难题。该机的第一运输机采用了双大扭矩驱动电动机，铲板采用特殊的防卡料设计，输料通畅，极少卡料，排卡时间短。

新铁煤矿表示，该机在试用过程中有比较明显的除尘效果，用水量少、操作维护方便、除尘效率高，能将粉尘基本控制在操作手前侧，操作手可不戴口罩工作，最大限度地保障了矿工的身体健康。

EBZ260H 型掘进机主要零部件采用进口名牌产品，在实际工作中具有截割能力强、振动小、出货量大、液压系统操作方便、电气系统安全可靠及除尘效果好等特点，深得新铁煤矿人士的认可，如图 3-3 所示。

图 3-3　EBZ260H 型全岩掘进机

三、EBZ318H 型全岩掘进机

EBZ318H 型全岩掘进机（图 3-4）是由三一重型装备有限公司自主研发、设计、制造，是目前世界上截割功率最大、总功率最大、截割面积最大，破岩硬度最高、重量最大的掘进机。

EBZ318H 型全岩掘进机不仅功率大，截割能力强，而且非常人性化、智能化，可根据断面面积大小、压入风量的多少来合理配备机载高效长压短抽式除尘系统，采用水浴式除尘方式，总除尘效率可达到 95%以上，操作者可以不戴口罩进行作业。一运采用双大扭矩驱动发动机，铲板采用特殊防卡料设计，有效解决了运输机卡料问题。其技术参数如表 3-4 所示。

图 3-4　EBZ318H 型全岩掘进机

表 3-4　EBZ318H 型全岩掘进机主要技术参数

项目	技术参数
总功率/kW	589
整机质量/t	120
截割功率/kW	318
最大定位截割断面积/m^2	39
最大截割硬度 f	13
装载能力/（m^3/min）	4.0
爬坡能力/（°）	±18
截割头转速/（r/min）	30.6
行走速度/（m/min）	0～6.6

四、煤矿斜井全断面隧道掘进机

拥有自主知识产权的全球首台长距离大坡度煤矿斜井全断面隧道掘进机（TBM）在长沙中国铁建重工集团总装车间顺利下线。采用煤矿斜井 TBM 建井，工效较传统方法提高几倍，而且安全可靠。

该机器由中国铁建重工集团和神华集团联合研发，总长 238 m，总重超过 1 200 t，开挖直径 7.62 m，集斜井施工开挖、衬砌、出渣、运输、通风、排水等功能于一身，是成套的斜井施工装备，如图 3-5 所示。

图 3-5　煤矿斜井全断面隧道掘进机

五、国内最矮掘进机——EBZ160B 型薄煤层掘进机

一台身高只有 1.5 m，主要用于薄煤层煤矿巷道掘进的 EBZ160B 型掘进机由冀中装备集团石煤机公司研制成功，这也是我国目前同等功率下机身最低的掘进机。

我国煤层分布广泛，储量丰富，因而薄煤层开采日益受到重视。但由于薄煤层开采高度低，工作面作业空间狭窄，地质条件复杂、断层多、矿压大，薄煤层开采一直是一个难题。该掘进机能够在低矮的巷道中灵活作业且移动便捷，可有效提高薄煤层机械化开采水平，降低了矿工劳动强度和煤矿开采成本，为煤炭行业的可持续发展提供了技术保障，如图 3-6 所示。

图 3-6　EBZ160B 型薄煤层掘进机

六、EBZ230 型掘进机

EBZ230 型掘进机由国际煤机机械集团佳木斯煤矿机械有限公司研制，整机具有结构紧凑、配置高等特点。该机行走驱动采用多项专利技术，扭矩大、爬坡能力强。整机截割功率大，截齿和截齿座采用了瑞典山特维克产品，截齿排列合理，适用于半煤岩及全岩、硬岩巷道的掘进。该机与原有的 EBZ55、EBZ100、EBZ200、EBZ300 等型号掘进机形成轻、中、硬岩全系列产品，主要技术参数如表 3-5 所示。

表 3-5　EBZ230 型掘进机的技术参数

项目	参数
整机质量/t	72
铲板宽度/m	3.2 标配/3.6 选配
定位截割宽度/m	5.67
定位截割高度/m	4.46
接地比压/MPa	0.17
装载形式/装载能力/（m^3/h）	弧形三齿星轮式/258
爬坡能力	±18°
行走速度/（m/min）	0～6.2
切割头卧底量/mm	250
地隙/mm	310
履带板宽度/mm	620

该机的组合变量泵、行走发动机、减速机等均采用国际知名品牌德国博世力士乐公司产品；星轮发动机、一运发动机采用意大利英特姆公司产品；比例多路换向阀采用德国何威公司产品；截割电机、油泵电机由国内著名防爆电机生产厂抚顺煤矿电机有限公司提供；轴承采用瑞典 SKF 或德国 FAG 公司的产品；浮动密封采用意大利 GNL 公司矩形密封；液压胶管及所有接头均采用美国派克公司的优质产品；密封件为德国保色霞板产品；水系统减压阀、反冲洗过滤器及喷嘴由英国康采公司提供；水泵系统由德国进口；集中润滑系统由德国贝克公司提供；操作箱和开关箱内主控制器则由国内电气系统专业设计公司青岛天迅电气有限公司配套。EBZ230 型掘进机如图 3-7 所示。

七、EBZ260 型掘进机

EBZ260 硬岩型大坡度掘进机是北方交通重工集团有限公司展出的又一明星产品，其爬坡能力为-25° ~ ±21°，可全面解决设备上山爬坡掘进及下山掘进倒车、岩巷作业防溜车及工作稳定性、下山运料、下山泵站吸油、截割减速机润滑等大坡度工况技术难题，在全国多个煤矿成功使用，展示了优异的掘进性能。EBZ260 硬岩型大坡度掘进机如图 3-8 所示。

图 3-7　EBZ230 型掘进机

图 3-8　EBZ260 硬岩型大坡度掘进机

八、山特维克 MR341 型掘进机

山特维克 MR341 型掘进机是技术成熟的山特维克 MR340 型掘进机的升级产品，专为欧山煤岩工业设计，具备多种安全特性，例如所有功能均可无线遥控，以及配备用于安装顶板支架的更大工作平台，如图 3-9 所示。

图 3-9　三特维克 MR341 型掘进机

九、地下巷道（隧道）MB670型掘锚一体机

近年来，我国煤炭开采过程中掘进机被大量使用，虽然大大加快了掘进工程进展，但也导致矿井支护速度远远跟不上掘进速度，这成为制约中国地下煤炭巷道开拓效率的瓶颈问题，导致矿井采掘严重失调。目前，国产的掘进机只具备单一的掘进功能，锚杆安装全部使用手持式单体锚杆机完成，效率低、劳动强度大，锚护与掘进是各自独立的作业程序，无疑为锚护作业带来诸多安全隐患。如果能够找到一种高效的施工解决方案或者特殊的掘进设备，不但可以实现巷道掘进和锚杆支护同步进行，提高开拓效率，而且能彻底消除安全隐患。

山特维克全球首创的集掘进、锚护于一体的掘锚机，实现了截割、装载和支护同步，平行作业，一次成巷，不仅效率大大提高，更是真正缔造了井工煤矿“零伤亡”的奇迹。该设备无疑为中国井工煤矿开采企业带来了“福音”。掘锚机是在连采机宽滚筒截割的基础上发展起来的掘锚一体化设备，真正实现了截割、装载、运输和锚护同步进行，全断面截割，从而显著提升了巷道开拓效率，并确保操作人员的安全。MB670型掘锚一体机功能及结构特点如下：

（1）该掘锚机集多种功能于一体，设有临时支护、护帮板和锚杆驾驶员防护顶棚，临时支护设置于截割滚筒后，确保操作人员的安全和设备的稳定性。

（2）操作平台采用优化设计，配备PLC控制系统，通过遥控器操作，自动控制水平位置和巷道的截割高度，掏槽与截割过程实现全自动控制；截割滚筒设计为低转速截割，并装配高压水喷雾系统和湿式除尘系统，可有效抑制煤尘、稀释瓦斯。

（3）锚杆机集成于掘锚机上，机载4台顶锚杆机和2台帮锚杆机，便于顶锚杆安装，使空顶距最小，一次给进行程可达 2.4 m；同时顶锚杆设计可以倾斜钻进，可以实现巷道掘进同时进行瓦斯探测、水层探测的功能。

（4）其行走系统、截割系统、装载运输系统、钻锚系统高度集成，操作简便，仅需要1名遥控器操作驾驶员和2名锚杆机驾驶员就可以进行掘进。

掘描机就位后，遥控器操作驾驶员将设备从行走模式转为锚杆模式，放下后稳定器；接下来锚杆机操作手可以进行打孔的一系列工作，然后

将钢筋网、钢带放在掘进机临时支护顶梁上，锚杆机驾驶员升起顶梁，将钢带及网片托起；操纵顶锚杆机前后及左右摆动杆，使两钻架准确到达钻孔位置，根据巷道高度及设计锚杆长度装入钻杆，同时压下旋转和进给操纵杆，自动进行钻孔及冲水；当钻箱接触到顶部的限位开关时，自动停止旋转进给和冲水；将进给操纵杆抬起，钻杆退出；按规定将树脂药卷装入孔内，进行搅拌；待树脂凝固后，紧固锚杆；调整锚杆机进行下一个钻孔工作。顶锚杆完成后，操作锚杆机进行锚护。与此同时，掘锚机可以进行巷道的截割工作，抬起截割臂至巷道顶部进行掏槽、向下截割和收回截割头清底。待锚护工作完成后，锚杆机驾驶员操作降下支护顶梁，转换至行走模式。遥控器驾驶员将后稳定器收起后，向前行走到达下一个截割位置。

掘锚一体机可在掘进的同时进行锚护作业，巷道开拓的效率得到显著提高，即便在地压较大，地质条件极为恶劣，顶底板条件差的条件下，山特维克掘锚机每月可掘进 700 ~ 1 000 m，最高时可实现每月掘进超过 1 500 m。除了掘进效率高之外，最为重要的是安全性，山特维克掘描机可以避免冒顶、片帮等造成的员工伤害。

MB670 型掘锚机最大的特点就是有着高效的采煤效率，在保证安全性的前提下，大幅提升煤炭开采效率，降低吨成本，如图 3-10 所示。

图 3-10　山特维克 MB670 型掘锚一体机

第四章 机械采矿方法

近三十年来，西方国家及其他发达国家如澳大利亚、南非等都一直致力于机械采矿方法的研究。南非采矿研究院从 20 世纪 60 年代就开始对机械采矿方法进行试验研究，我国近二十年来也在某些矿山进行机械采矿方法试验。

第一节 机械采矿方法概述

机械采矿方法又称连续采矿法，是指在矿房回采过程中不用凿岩爆破的方法崩矿石，而是用其他手段诸如切割、冲切、胀裂等方法来崩落矿石的方法。

常用的机械采矿方法有：

（1）用刮刀钻头切割岩石采矿法。

（2）摆锤采矿机采矿法。

（3）NOMM 采矿机采矿法。

（4）冲击破裂采矿法。

（5）切割采矿法。

第二节 常用的机械采矿方法

一、刮刀钻头切割岩石采矿法

刮刀钻头切岩石的采矿方法是由南非采矿研究院首先提出的。1969 年，在南非 Doomfontain 黄金采矿公司所属的一座矿山地下深 2 500 m 处的采场进行了这种采矿方法的试验。试验结果显示了刮刀钻头切割岩石的可能性，采幅从 1.25 m 降至 0.45 m，而且还显著地改善了上盘围岩的条件，主要技术问题是钻头的损坏与磨蚀。1983 年，美国矿务局开始研究硬岩切割机器，试制了 1 台叫刮刀钻头采掘切割机的采矿机（见图 4-1）。通过试验表明，刮刀钻头可采掘 1.8 m×1.8 m 的方形工作面，即可用于地下薄矿脉的回采，估算生产率为 27.5 t/h 左右。

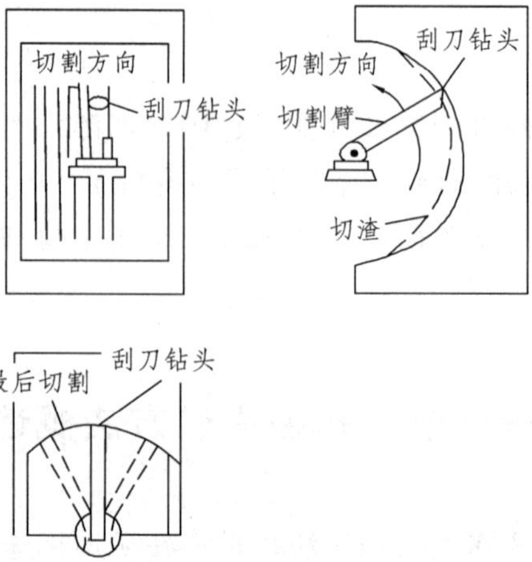

图 4-1　刮刀钻头切割岩石的采矿方法

二、使用 NOMM 采矿机采矿法

NOMM 采矿机适用于薄矿脉空场采矿法，它从根本上不同于轮胎式或有轨采矿设备。该采矿机是美国 Helca 采矿公司经过 15 年研制成功的薄矿脉采矿机，如图 4-2 所示。

图 4-2　使用 NOMM 采矿机的采矿方法

NOMM 采矿机可在采场围岩壁上像爬行动物似的行走。首先机器腿的前部从壁上撤下，往前滑一段后，重新固定在墙上，然后腿的第二部分重复前部的动作，直至腿的四部分全都滑动定位，这样就向前移动了一段距离，每次移动大约 0.75 m，该采矿机不仅可以前后移动，而且还可以上下移动。

目前，NOMM采矿机有两种型号，即Model36与Model48。前者外形长3.7 m，宽和高均为0.91 m，可以用来开采1～2.5 m厚的薄矿体，与0.5 m^3的铲运机配套使用，后者外形长4.9 m，宽1.37 m，高1.22 m，可回采1.5～3.0 m厚的薄矿体，与1.0～1.5 m^3的铲运机配套使用。Model36型和Model48型的额定生产率分别为15 t/h和25 t/h，日生产能力为300 t和500 t。

三、高能液压冲击锤破碎机采矿法

南非采矿工艺实验室的G.T.伯斯克博士认为深水平采场工作面岩石承受了很大应力，往往产生裂缝，因此利用高能液压冲击锤通过冲击和撬的作用破碎岩石是大有可能的，并论述了初步试验结果和样机。

1. 高能冲击锤

高能液压冲击锤破碎机是由安在机架上的操纵非常灵活的高能冲击锤和一个把该机械从任何方向开往工作面的牵引装置组成的。

2. 试验方法

为了确定开采岩石所要求的冲击角和估计这种采矿方法的生产能力，起初进行了两种冲击锤试验，试验的成功导致安装了数台试验装置。目前，井下正在试验第一台样机，而其他同类型不同规格采矿机正在制造中。

在设计时要考虑有效的利用采矿设备。如图4-3、4-4所示，在进行两个开采方案的比较时，应该是充分利用原有的裂缝。首先要通过穿透截槽打开的裂缝来开采，其次通过垂直冲击工作面产生横切节理发达面的裂缝来开采。

在岩石容易脱落，岩石块度大的条件下并考虑运搬能力，要求达到最大采矿效率主要取决于工作面的节理发育程度。试验指出破碎裂缝大的、未裂缝的或坚硬的岩石需要用不同的开采方案。

有裂缝的岩石：无论冲击角和开采方向如何，都容易破碎。但有产生大块的可能，在搬运之前大块需要进一步破碎。当冲击锤沿着裂缝开采时，特别要注意产生大块问题。

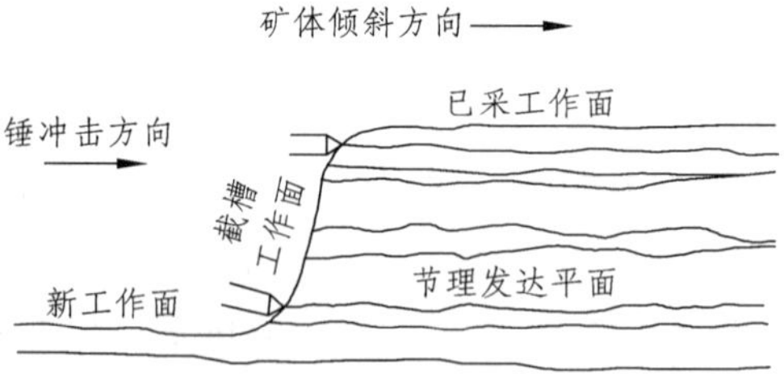

图 4-3　利用裂缝开采方案一

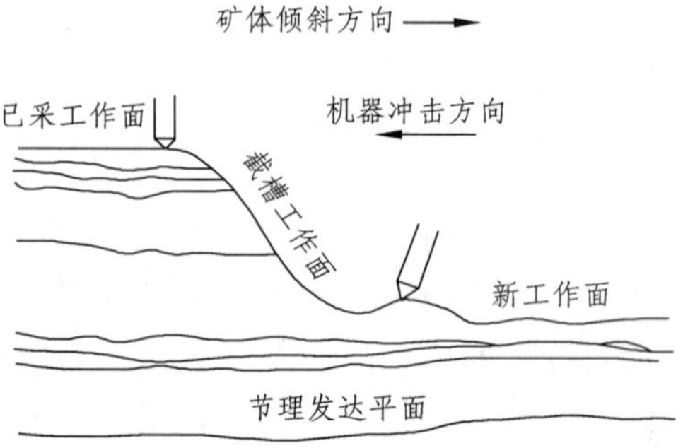

图 4-4　利用裂纹开采方案二

所以在有裂缝条件下，冲击锤应当沿着裂缝进行开采。如果产生的大块岩石难以处理，那么冲击锤应当垂直工作面的岩石裂缝进行开采，以便在岩石脱落之前将它们破碎。

局部有裂缝的岩石：即破碎裂缝不大的岩石，必须采用能使工作面岩石产生裂缝的方法来开采。通常用与岩面成 90°的冲击锤，采下薄薄一层形成 0.5 m 截槽就能做到上述这点。在岩石裂缝非常小的情况下，截槽开采深度比上面这个截槽深度小得多，总之岩石不易破碎是因为岩石裂缝少。

3. 工作条件及对设备的要求

根据冲击锤的工作条件制订了一些基本的设计原则：

（1）设计的高能液压冲击锤破碎机必须在回采宽度为 10 m 范围内开采，随着工作面推进时，必须保持回采宽度。

（2）此种机器的全长设计必须尽可能短，以免造成冲击锤够不着而不能用该类型机器开采，因此工作面长度缩短到最小。

（3）在回采工作面到第一排支柱的最大距离不超过 2.5 m 的情况下，高能液压冲击锤破碎机能够进行开采。

（4）机器必须尽量设计成坚固耐用，以至于能最大限度地减少由于岩石下落时而造成的损失。因此，高能液压冲击锤破碎机的全部暴露部件如阀、软管和其他易受损坏的部采件都应该适当地加以防护。

（5）必须把该种类型机器设计成既易于适应左面开采，也适于右面开采。

（6）此种类型机器必须设置一个机动的安全装置，以防止所有其他制动装置失灵而“飞车”。

（7）为了增加该种采矿机在回采工作面上的机动性，防止设备陷落到正在开采的工作面上，以及为了承载机体和缓冲开采时的反作用力，应该铺设一条重型导轨。

四、劈岩机采矿法

用传统的钻孔爆破法采矿工艺开采贵金属薄矿脉和极薄矿脉，存在着矿石损失贫化率高，经济效益差的问题。由北京矿冶研究院和招远金矿共同研究试验了一种用劈岩机的机械采矿新工艺，就是用凿岩机钻孔，用液压劈岩机落矿，即钻劈工艺，实行矿、岩分采的原则，杜绝爆破法落矿，从而达到大幅度降低矿石损失贫化的目的。

劈岩机采矿新工艺在国内外均属首创。这种机械采矿新工艺采用液压劈岩机作为落矿工具，可最大限度地降低矿石采出的损失和贫化（3%以下），节省爆破器材，安全性好，且具有很高的经济效益。新的机械采矿工艺的诞生为开采黄金、钨、钼等贵金属薄矿脉和极薄矿脉开辟了一条途径。

1. 传统凿岩爆破的缺点

对于采矿界来说，地下金属矿山的薄矿脉和极薄矿脉的开采一直是薄弱环节。金属矿山长期沿用的传统的凿岩爆破法是目前金属矿山采矿作业中唯一的落矿手段。

但是，凿岩爆破采矿法在爆破时会产生强烈的冲击波，对采场或矿体产生很大的破坏作用，造成矿石严重的损失和贫化，经济效益很低。

2. 钻孔劈岩的优点

随着矿山机械的发展，特别是超高压液压劈岩机的出现，在采矿界出现了劈岩机采矿工艺。这种工艺是针对贵金属薄矿脉和极薄矿脉的开采而设计的，其主要特点是用劈岩机作为落矿工具，把钻孔爆破法改变为钻孔劈裂法，实行矿岩分采，以期大幅度降低矿石的损失和贫化，从而提高采选综合经济效益。

3. PY80 型液压劈岩机的结构及性能

PY80 型液压劈岩机的主要结构如图 4-5 所示。

众所周知，岩石的抗拉强度比抗压强度低很多。遗憾的是，目前大多数采矿机器都采用冲击方式来破碎岩石。如果能够发明依靠张力来破碎岩石的机器，则可大大降低劈岩能量消耗，同时又可以提高劈岩效率。劈岩机就是根据这一构思研制出来的。

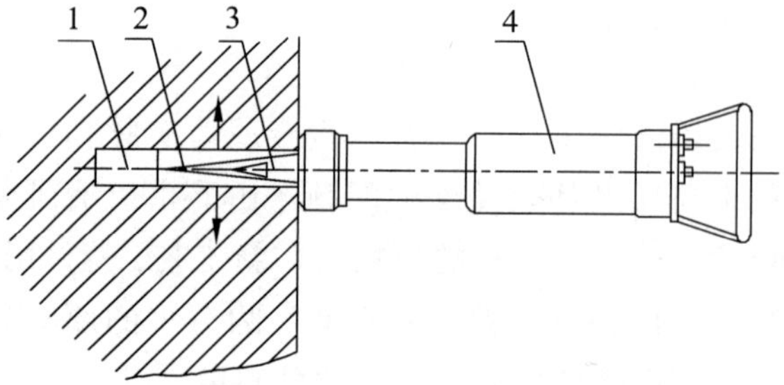

1—炮孔；2—楔翼；3—劈裂楔；4—油缸。

图 4-5 PY80 型液压劈岩机的主要结构

液压劈岩机的主要技术参数如表 4-1 所示。

表 4-1 液压劈岩机的主要技术参数

项目	参数
油缸直径/mm	80
活塞行程/mm	200
额定工作油压/MPa	50
劈裂力/kN	3 000
要求炮孔直径/mm	40
插入孔内楔长/mm	250

液压劈岩机是一种破岩工具，主要用于不允许爆破作业的场合，例如：建材行业开采大理石；金属矿山的二次破碎；建筑物的混凝土基础拆除；挖掘岩石峒室、沟槽；掘进和采矿作业等，用途十分广泛。

4. 劈裂机劈岩过程

先用液压钻机在被劈岩块上钻孔，钻孔排列形式依据岩石硬度、构造、自由面状况以及要求劈下岩石块度等条件确定；钻孔打好后，用劈裂机劈岩。劈裂机的动力为液压，根据有关理论计算，劈裂机活塞上的轴向推力，可以成倍地转化为孔底岩石的径向张力（一般为 6～8 倍），岩石在强大的张力作用下，被迫沿断层节理等弱面裂开崩下。

劈裂机在美国用得较广泛，特别是建筑料石场用得最多。但到目前为止，劈裂机还没有真正用于采矿。

我国在这方面的研究起步较晚，始于 20 世纪 80 年代中期，但进展较快。北京矿冶研究总院研制的 PY80 型液压劈裂机，其整体性能达到和接近国际先进水平。该机具有劈裂力大、重量轻、密封性能好、楔子劈开间隙大、油缸中心回油等优点，可用于采矿。1989—1991 年，北京矿冶总院用这种劈裂机在山东招远金矿进行了薄矿脉机械采矿法的探索性试验和正式的工业试验。结果表明，液压劈裂机作为落矿工具是可行的。特别是对于薄与极薄矿脉，可以有效地进行矿岩分采与选别回采，矿石贫化损失极小，对于开采钨、锡及黄金等贵金属矿床来说，具有明显的经济效益。

五、凿岩劈裂采矿法

凿岩劈裂采矿法是美国矿业局研究出的一种机械采矿方法，基本形式如图 4-6 所示。该法可用于开采厚度为 0.6～1.2 m 的急倾斜薄矿脉。利用凿岩劈裂机首先在矿石内钻凿 0.3 m 深的浅孔，然后再在钻孔深处施加径向和切向力，以剪切和拉伸的破坏形式使矿石呈锥形破裂。破裂后的碎矿石在工作面上靠自重形成矿石流掉到采场底部进行转载和运输。该法还建议将碎矿石在采场工作面附近进行破碎和分选，分选后的矿石用风力提升至地表选厂，而废石则作为充填料在井下处理。这样可以减少矿石提升量，从而降低装运和选矿成本。

凿岩劈裂采矿法的关键设备是凿岩劈裂机，它由两个独立的装置组成，即钻机（可是普通凿岩机）和劈裂器。目前美国矿业局已研制出一种径向-轴向劈裂器，该劈裂器是利用三个同轴元件（羽翼机构、楔块和推杆）的液力作用进行破岩，如图 4-7 所示。把劈裂器插入钻孔且各元件开始动作后，先把楔块压入羽翼机构产生径向压力使劈裂器在钻孔中可靠地固定，接着伸长推杆在孔底形成反向推力，从而使岩体呈锥形开裂。劈裂器本身很轻便，且在钻孔内能产生相当大的破碎力，因此非常实用。

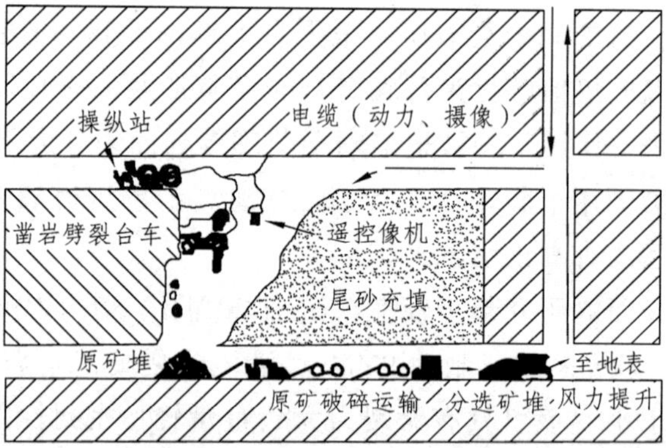

图 4-6　凿岩劈裂采矿法示意图

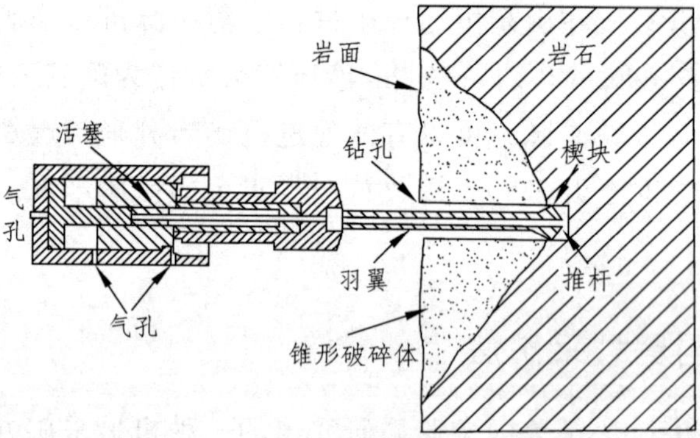

图 4-7　凿岩劈裂器破岩示意图

六、磨料高压水射流采矿法

磨料高压水射流采矿法又叫切割采矿方法，是在高压水或高压水辅助机械掘进钻孔基础上发展起来的。高压水钻孔方法与传统方法相比有许多优点，但是高压水掘进的一个主要缺点是钻凿硬岩所需的压力几乎与岩石的抗压强度相等。为克服这一点，磨料高压水射流技术就被应用到了凿岩工作中。

磨料高压水射流采矿法是在煤矿水射流采煤技术的基础上研究开发出的一种适合于硬岩开采的机械采矿法。其实质是使用较高压力（几十兆帕至上千兆帕）的水，加入硬质磨料并通过磨料水射流采矿机的小直径（几毫米至几百微米）的喷嘴形成射流，直接以此射流在矿体的顶部、底部、侧面与后面切割出沟槽，继而将矿石采下，如图 4-8 所示。该法可用的磨料有铜粉、铁粉、硅砂、石榴子石等，采下的矿石块度取决于切割沟槽的深度及回采的宽度。深度加大能增加每次切割的矿石量，但过大又会引出二次破碎的问题。

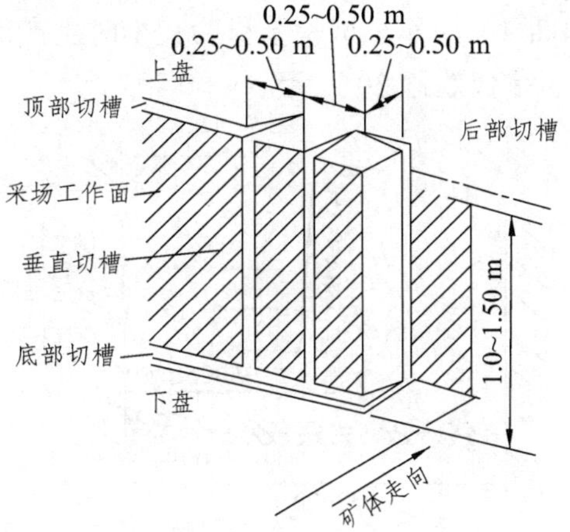

图 4-8　磨料水射流切割采矿方法

南非、美国、加拿大都在进行该法的研究，南非曾在一个金矿脉进行过磨料高压水射流采矿法的工业试验。试验采场的地质条件为：矿体厚度 0.3 ~ 1.50 m，大部分在 0.90 m 以下；矿体倾角 10° ~ 30°，局部较陡；矿石和围岩都是石英脉，由于含硅量超过 85%，矿岩特别坚硬与坚韧。其试验参数如表 4-2 所示。

表 4-2　南非某金矿磨料高压水射流采矿法试验参数

水压力/MPa	流量/（L/min）	喷嘴直径/mm	磨料类型	磨料粒度/mm	磨料流量/（kg/min）
240	13	0.8	铬铁矿	0.2 ~ 0.85	3.2
喷嘴移动速度/（mm/min）		切割深度/mm	切割块度/m		回采率/（t/h）
100		250	0.25×0.25×1.1		2.78

工业试验证明，磨料高压水射流采矿法用于硬岩开采在技术上是可行的，与传统采矿方法相比它具有如下优点：① 可以改进每月进尺速度，提高劳动生产率；② 减轻了劳动强度；③ 降低矿石的损失与贫化；④ 改进了采场的安全性。

七、炮孔胀裂采矿方法

炮孔胀裂采矿方法即在钻凿好的炮孔中，用化学药剂、高压水炮、电脉冲等进行胀裂破岩，此种方法较适用于坚硬的非破碎矿石回采，我国招远金矿与北京矿冶研究总院联合进行了液压劈岩机开采薄矿脉的试验，其采场布置如图 4-9 所示。试验结果为：小时生产能力 1.972 5 t，矿石贫化率 8%，采选综合效益 20 万元。

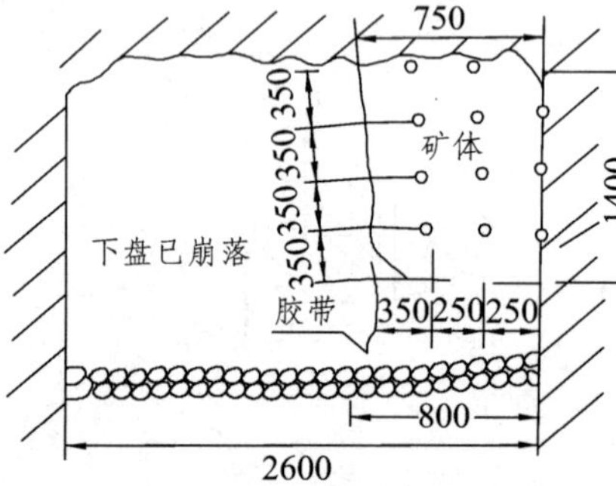

图 4-9　液压劈岩机的采场布置

高压水炮、电脉冲炮孔胀裂采矿方法，目前处在研究发展之中。高压水炮炮孔胀裂法即利用水炮的能量来替代爆破产生的气能进行胀裂。水的脉冲能量在炮孔外部以水炮形式储存，通过插入孔中的喷嘴在炮孔中释放，如图 4-10 所示。采用高压水炮的优点是不产生有毒有害气体，且是控制粉尘的最好破岩方法。此法与爆破方法相比，虽然能量较低，需要较多的炮孔，但由于能降低矿石损失贫化，取消了回采循环，提高了劳动生产率，因此，这种采矿方法很有发展前途。

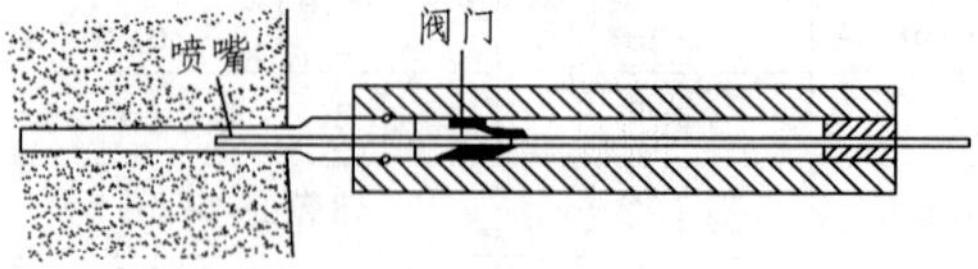

图 4-10　高压水炮破岩示意图

八、金刚石绳锯采矿法

金刚石绳锯采矿法是南非根据露天石材开采中的金刚石绳锯机技术研究出的又一种机械采矿法，如图 4-11 所示。

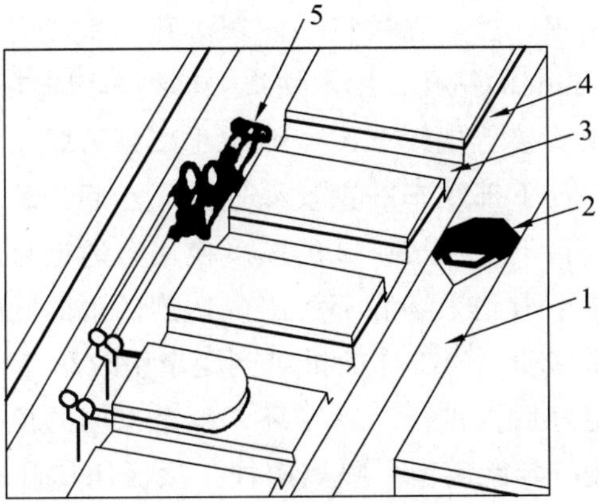

1—沿脉堑沟；2—电耙耙斗；3—倾斜沟槽；4—矿脉；5—金刚石绳锯机。

图 4-11　金刚石绳锯采矿法示意图

绳锯机被布置在沿走向的堑沟内，通过一组滑轮使布满金刚石颗粒的橡胶绳同时在矿脉的上部和底部各切割出一道槽，绳速可达 30 ~ 35 m/s。每进尺 1 m 后，绳锯被吊起来，由金刚石绳产生的崩劲将矿脉切成约 11 mm 的片屑。破碎后的矿石用高压水冲到沿脉堑沟内由电耙运出，切割作业重新开始。该法主要是沿脉掘进出矿堑沟和沿倾向掘进倾斜小沟槽。沿脉堑沟间距 15 ~ 20 m，倾斜小沟槽的间距大约为 7 m，上下金刚石绳的间距大约为 300 mm。

金刚石绳锯采矿法的核心是金刚石橡胶绳。南非博特朗伊尔研究院已经研制出了一种专门的橡胶隔离物，这种隔离物可以在金刚石颗粒和芯线之间提供非常强大的结合力，既可以使磨蚀最小，又可防止颗粒结团，还能提高绳的切割柔性和确保金刚石颗粒均匀地磨损，以获得最大的切割效率。

据称金刚石绳锯采矿法适用于缓倾斜极薄矿脉的开采，可通过有选择的开采来降低贫化和损失。

九、钢丝绳锯采矿法

钢丝绳锯采矿法是辽宁省黄金公司崔俊卿借鉴煤矿的钢丝绳锯采煤法而研究出的一种可用于急倾斜极薄矿脉开采的机械采矿法。该法所采用的主要设备有绞车、锯刀和导向轮，如图 4-12 所示。先用凿岩爆破法完成采场的采准工程，然后在采场一侧用潜孔钻机或天井钻机沿矿脉角钻凿直径大于 100 mm 的钻孔，用木柱将上部绞车固定在钻孔前方一定距离并固定好导向轮。接着把绞车钢丝绳与小型锯刀联结牢固，沿钻孔下放至下部巷道，并与下部绞车的钢丝绳连接。然后开动上下绞车，用锯刀将孔逐渐扩大，接下来再按矿脉的厚度换用合适型号的锯刀继续回采割下的矿石靠自重下滑到采场底部放出。切割回采的同时，导向轮亦随着工作面的移动而移动，当工作面推进到距牵引绞车 2 m 时停止。其后将绞车前移，固定好后再进行下一循环。整个采区的顶板管理是根据顶板垮落规律，每隔一定距离留一隔离矿柱，顶板任其自然垮落。

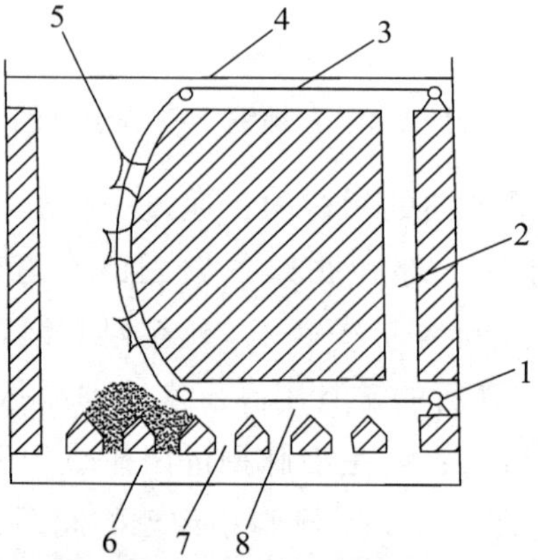

1—绞车；2—天井；3—钢丝绳；4—导向轮；5—锯刀；6—沿脉运输巷；7—漏斗；8—拉底巷。

图 4-12　钢丝绳锯采矿法示意图

辽宁省黄金公司的潘宝信曾在二道沟金矿进行了短时间的钢丝绳锯采矿方法试验。试验采场的地质条件为：矿石为含金石英脉，倾角 85°～90°，平均厚度 0.42 m，产状稳定，矿石和下盘围岩稳固，上盘围岩稳固性较差。试验时将矿脉锯成 0.2 m 宽的采幅，锯采时间为 1 h 40 min，共采下矿石 19.6 t。据此推算，若按每班 5 h，每天三班作业计算，则每天可采矿 175 t，比目前极薄矿脉常用的削壁充填法的生产能力可提高 5～8 倍，而且每班只需 2 个绞车工和 2 名装矿工即可。该法有很高的研究价值。

十、溶浸采矿法

通常，要获得埋藏于地下深处的矿物，首先要掘进大量坑道，在地表与矿床之间形成运输、供风、供水、供电、通风、排水、充填等系统，然后再用打眼爆破的方法将矿石剥离下来。显然，这样开采矿石成本高、效率低、周期长。然而，能否不掘进坑道，就可以有选择地将有用矿物从地下深处通过一个或几个钻孔抽出呢？美国矿务局双城研究中心的研究结果表明，这是完全可能的。

美国矿务局双城研究中心在 CasaGrande 附近的 SantaCruz 铜矿作了现场溶浸采矿试验（见图 4-13），具体做法为：先从地表打 5 个孔直达矿床，孔与孔之间的距离为 38.7 m，深约 549 m，穿透 61 m 厚的氧化铜矿体；然后在地表适当位置建立一个矿液处理厂，采用电解冶金法回收铜，溶浸液一般采用二氧化硫水溶液。通过现场测定，用溶浸采法开采铜的回收率一般在 90%以上。

当然，目前溶浸采矿法的使用还有局限性，主要用来开采铜、煤、石油、硫化物等矿床，而其他大多数被坚硬致密岩石包裹的矿物，目前还暂时不能直接用溶浸方法开采。这主要是从这类矿床液化、溶解矿物比较困难。实践证明，溶浸采矿的成功与否，在很大程度上取决于溶浸液是否能够完全与矿物接触，能否有选择地溶解矿物，以及溶化了的矿物是否能够输送到吸出井。

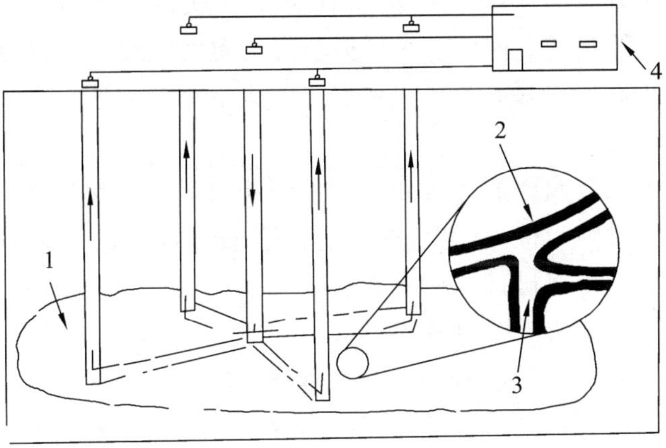

1—矿床；2—矿物；3—溶浸液；4—处理厂。

图 4-13　溶浸采矿法示意图

溶浸采矿法的成功应用，大大降低了美国的铜采矿成本。这就使美国铜生产商在世界市场上更具竞争力，同时也减少了美国对铜的进口量。另外，溶浸采矿法可以有效地开发利用那些埋藏深、储量小或品位低的铜矿床，而用传统方法开采这类矿床是很不经济的。

十一、等离子爆破技术

等离子爆破技术是一种可用于机械采矿法的一种特殊破岩技术。其实质是按 0.6～0.9 m 的间距，钻凿 0.3～0.9 m 深的炮孔，再注入电解液（5%硫酸铜溶液），插入电极。当在电极上施加高位电能时，电解液立刻电解、气化、产生高温高压的等离体，并瞬间膨胀而达到破岩的目的。

等离子爆破技术的瞬间功率很大，但作用时间短，通常以毫秒计，所以能源成本很低，一班 8 h 至少可以爆破 400 次，每次可破岩约 1 t，因此效率很高。

与传统爆破方法相比，等离子爆破技术很安全，只要戴上防噪声耳罩，在 10 m 以外就可以防止噪声危害；没有烟尘，没有毒气，所以工作面很清洁；可通过调整能量，将飞石减少到最低程度。

目前，加拿大诺兰达矿业公司开发的等离子爆破技术获得了重大进展，已设计出了可用于硬岩开挖的实用型设备。可以预言，等离子爆破技术的成功，不仅可使采掘作业发生重大变革，而且也必将推动上述机械采矿法研究的进一步深入。

机械采矿方法与常规采矿方法相比有以下优点：

（1）能连续采矿，取消了采回循环，从而大大提高了劳动生产率。

（2）由于高度机械化，大大减轻了工人的劳动强度，提供了更安全可靠的工作环境。

（3）对上、下盘围岩无爆破震动的影响与破坏，故加强了对采场的地压管理，同时因为很少产生粉矿，从而降低了矿石的损失与贫化。

（4）避免了因爆破产生的有毒有害气体，使空气质量得以改善，减少了通风时间以及所需的通风费用。

传统的开采技术为凿岩—装药—爆破—出矿的循环过程，且循环过程必须间断进行，加之矿脉的作业空间有限，极大地限制了金属矿、薄矿脉的开采效率。本书介绍的几种金属矿类机械采矿设备都具有作业安全卫生，机械化程度高，采矿效率高，并可通过选别开采降低金属矿类贫化损失的优点，可从根本上解决传统开采技术存在的问题。尽管机械采矿技术用于地下硬岩采矿仍处于试验研究阶段，但从目前取得的阶段性成就来看，随着科学技术的发展和研究工作的进一步深入，机械采矿法将会使 21 世纪的采矿业面貌焕然一新。

第二篇　机械采掘设备的应用

第五章　露天机械采掘设备的应用

露天采矿机是近年发展起来的一种应用于露天矿山开采的新型设备。追溯其发展历程，露天采矿机是筑路机械专业工程技术人员为了解决在石油危机中沥青价格高涨而需将沥青循环使用的问题，并受到井工长臂式采煤法中的滚筒式采煤机切割及掘煤原理的启发而研制一种铣刨机，这种连续工艺显然也能用于露天矿山采掘作业中。其主要特点是集破碎、采掘、装载等工艺环节于一身，开采技术简单化、作业连续化，同时开采成本低。

目前，世界范围使用的露天采矿机根据其切削单元设计不同分为前悬臂切削单元、前置切削单元和中置切削单元等 3 种形式，其中切削单元在中置的维特根 WSM 系列露天采矿机使用最多，同样切削能力条件下机器自重最低，能够避免“拱机”现象。其工作原理是破碎物料的工作机构滚动前进，从层面开始由上往下层层剥皮，其结构见图 5-1。被切碎的矿岩由滚筒上的双螺旋线形挡板送到一个滑板上进而送到胶带输送机上，再由输送机转载到自卸卡车或其他运输设备中。露天采矿机开采工艺在国外露天矿山中已得到广泛应用，并且取得了较好的技术效果与经济效益。

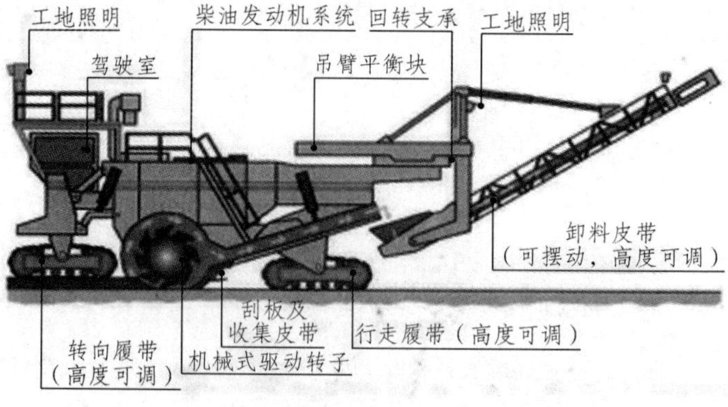

图 5-1　维特根露天采矿机结构示意图

第一节　维特根露天采矿机的应用

一、维特根露天采矿机在皮尔巴拉铁矿的应用

维特根2500型露天采矿机由于其在多矿层地带能够实现选择性开采而可以较好地控制产品质量等级，生产出的高质量块矿石多、粉矿石少，同时还可以减少爆破工序导致的停机时间。使用该露天开采设备，可以使矿坑地表平整，这就意味着可以减少对车辆和轮胎的损伤。除此之外，应用露天开采设备进行开采，比爆破式开采更能够精准预测开采结果，安全性高。皮尔巴拉铁矿目前在采场总共使用了14台露天采矿机，下一步还将选用更大型的SM4200型露采设备。

使用露天采矿机不仅能生产高质量的产品，而且能产出更多的块矿。块矿产品的价格要远比粉矿产品的价格高20%，所以使用露天采矿机开采铁矿石，产出的价值更高。

二、维特根露天采矿机在新疆五彩湾煤矿的应用

新疆五彩湾煤矿使用了维特根2200SM3.8型露天采矿机（见图5-2），这款先进的露天采矿机很快取代了当地传统的采矿设备。以前是由钻孔和爆破等传统方法进行开采，但是爆破后的煤层具有高度易燃性，经常引发矿内火灾。为提高采矿作业安全性，运营商决定采用露天采矿机作为新的采矿技术，大大节约了成本，提高了采矿质量。

图5-2　维特根2200SM3.8型露天采矿机

该煤矿开采区面积小，仅为 2 m×300 m×35 m，但日产量由 3 000 t 的产量提高到 7 000 t。由于该煤质易碎会产生很多粉尘，因此在规划阶段就必须对切削材料的级配和煤层厚度（1.30 ~ 10.63 m）有不同的要求。

新疆五彩湾煤矿采用维特根 2200SM3.8 型露天采矿机全年工作 330 天，每天 24 小时工作。煤矿开采相关数据如表 5-1 所示。

表 5-1　新疆五彩湾煤矿开采相关数据

项目	数据
地点	中国新疆准东
原料	煤
矿层厚度	平均 40 ~ 50 m，最大 60 m
单个煤层厚度	1.30 ~ 10.63 m
正常坡度	3° ~ 9°
主坑	3 个矿床，每个高 10 m
宽度	35 m
长度	360 ~ 800 m
产量	2 500 000 m^3/年
	7 600 m^3/d（24 h）
煤层热值	25 115 kJ/kg（该地区最高值）
煤层密度	1.27 t/m^3

维特根露天采矿已有 30 多年的实际生产历史，积累了宝贵的经验，并改善了设计理念，使得采矿工艺简单化，实现安全高效生产。维特根露天采矿机占全球已使用的露天采矿机的 80%以上，广泛用于开采石灰石矿、铁矿和煤矿。目前，维特根露天采矿机逐渐大型化、成熟化，其产品系列包括 2600SM、2200SM、2200/3800SM、2500SM 及 4200SM。2009 年 3 月，维特根生产下线的最新款 4200SM 露天采矿机，最大理论切削深度为 0.83 m，切削宽度为 42 m，如图 5-3 所示。该露天采矿机现已应用于澳大利亚 FMG 铁矿。自 1991 年 8 月起，4200SM 型煤矿用采矿机就已在澳大利亚新南威尔士的 MountThorley 露天煤矿成功应用，开采复合煤层，该机在 2014 年已报废停用。4200SM 机型的同类采矿机如 3500SM 系列采矿机，在波斯尼亚 Gacko 露天煤矿已使用超过 15 年，至 2014 年仍作为该矿的主采设备在使用。

图 5-3　4200SM 型露天采矿机

露天采矿机的常用的施工方法是分层铣削方法，即露天采矿机按照平行逐幅、水平逐层的开采方式，第一层开采完成后开采第二层，依次开采煤、岩体，直接把采出的物料转运到自卸卡车或者以堆料带方式在工作平盘上，用前装机稍后集中处理，如图 5-4 所示。

图 5-4　露天采矿机分层开采示意图

三、维特根露天采矿机在胜利一号露天煤矿的应用

1. 露天采矿机在 5 号煤层的应用

5 号煤层位于胜利一号露天煤矿煤田最上部的主要可采煤层，平均厚度为 16.27 m，本煤层结构复杂，夹矸数为 0 ~ 32 层，夹矸总厚度 0 ~ 8.43 m，平均厚度 2.6 m。其变化规律为由南向北夹矸层增多，厚度增大。为提高 5 号煤层选采效率和质量，通过对国外设备的考察，神华北电胜利能源公司一号露天矿于 2009 年选用德国维特根公司生产的 W2200/3800SM 型采矿机，如图 5-5 所示。

图 5-5　W2200/3800SM 型露天采矿机

使用 W2200/3800SM 型露天采矿机作为主采设备进行选采，可以把原液压铲选采工艺确定的选采厚度由 0.5 m 进一步降低到 0.2 m，可以使含矸率由 15.87%降低到 7.74%，减少了 8.13%，成品煤热值平均提高 400 大卡，整体回采率从 90%提高到 95%。同时，作为辅助开采设备开挖 5 号煤层中不规则分布的砂岩充当垫路材料，提高了矿区道路质量，增强了矿山抵抗雨雪天气的能力。W2200/3800SM 型露天采矿机运行指标和成本如表 5-2 所示。

表 5-2　W2200/3800SM 型露天采矿机运行指标和运行成本

序号	项目	单位	参数
1	出动率	%	93.10
2	实动率	%	63.10
3	小时生产能力	t	337.5
4	日生产能力	t	4195
5	破碎深度	mm	60
6	油耗	元/h	609
7	维护保养	元/h	227
8	人员成本	元/h	135
9	小时成本	元/h	971
10	吨煤成本	元/t	2.88

2. 露天采矿机在 6 号煤层的应用

（1）煤层赋存条件。

6 号煤层位于煤田最下部主要可采煤层，勘探区内全层利用段厚度为 18.47 ~ 4 430 m，平均厚度为 32.23 m，首采区平均厚度为 31.4 m。煤层倾角近水平，一般为 3° ~ 5°。本煤层夹矸一般为 0 ~ 7 层，平均 2 层，夹矸厚度 0 ~ 20 m，平均为 0.44 m，属较稳定煤层。煤层的顶底板岩性多为泥岩、粉沙岩、炭质泥岩，夹矸岩性以泥岩、炭质泥岩为主，其抗压强度为 0.37 ~ 15.5 MPa，平均为 6.30 MPa。6 号煤层的容重为 1.34 m^3/t、抗压强度为 11 ~ 15 MPa、抗拉强度为 4 MPa。

（2）煤层开采工艺优化。

二期 20.0 Mt/a 规模达产由 2011 年推迟至 2012 年，由于坑内可移式破碎站影响内排量逐渐加大，通过综合比较确定在 2012 年二期年产 20.0 Mt 规模时将 6 号煤可移式破碎站由坑内调整至地表。张洪先生对 6 号煤层开采工艺做了如下两个方案：

方案一（原设计）：单斗-卡车+可移式破碎站+带式输送机半连续开采工艺。

方案二（优化）：露天采煤机+卡车+带式输送机半连续开采工艺。

各方案比较计算的基础为完成全年 10.0 Mt 6 号煤的设备投资和运营费用的比较，详见表 5-3 至表 5-5。

表 5-3　各方案设备投资和运营费用比较

采煤方案	环节名称	设备名称	规格及型号	数量/台	单价/万元	总价/万元	
						小计	累计
方案一	爆破环节	钻机	直径 200 mm	2	232	464.00	22 479.98
		爆破材料运输车	5 t	1	57	57.00	
		铵油炸药混装车	15 t	1	175	175.00	
		炮孔堵塞机		1	18	18.00	
	采掘装载环节	单斗挖掘机	斗容 14 m^3	3	1 880	5 640.00	
	运输环节	自卸卡车	载重 91 t	14.08	850	11 971.18	
			运距 3.8 km				

续表

采煤方案	环节名称	设备名称	规格及型号	数量/台	单价/万元	总价/万元	
						小计	累计
方案一	破碎环节	可移式破碎机	3 000 t/h	1	2 986.8	2 986.80	
		二次破碎站	3 000 t/h	1	950	950.00	
		土建及辅助设备			218	218.00	
方案二	采掘、装载、破碎环节	露天采煤机	SM4200	1	6 500	6 500.00	22 575.41
	运输环节	自卸卡车	载重 91 t 运距 3.8 km	16.90	850	14 365.41	
	转载环节	受煤站	3 000 t/h	1	1 500	1 500.00	
	辅助作业环节	液压反铲	斗容 2.2 m^3	1	210	210.00	

表 5-4 各方案成本费用比较

方案名称	生产环节	设备名称	规格及型号	数量/台	费用	完成工程量/万 m^3	年费用/万元	
方案一	爆破环节	钻机等	直径 200 mm	1.20	3.50 元/m^3	746.27	2 611.94	12 604.48
	采掘环节	单斗挖掘机	斗容 14 m^3	2.13	1.75 元/m^3	746.27	1 305.97	
	运输环节	自卸卡车（运距 3.8 km）	91 t	14.08	2.80 元/（km·m^3）	746.27	7 940.30	
	破碎环节	可移式破碎（一次破碎）	3 000 t/h	2	1.00 元/m^3	746.27	746.27	
		地面二次破碎		1	0.90 元/m^3	746.27	671.64	

续表

方案名称	生产环节	设备名称	规格及型号	数量/台	费用	完成工程量/万 m^3	年费用/万元	
方案二	采掘、装载、破碎	露天采煤机	SM4200	1	3.35 元/m^3	746.27	2 500.00	11 559.70
	运输环节	自卸卡车（运距 3.8 km）	91 t	16.90	2.80 元/（$km{\cdot}m^3$）	746.27	7 490.30	
	转载	受煤站	3 000 t/h	1	0.50 元/m^3	746.27	373.13	
	辅助作业环节	液压反铲	SY460C 斗容 2.2 m^3	1	1.00 元/m^3	746.27	746.27	

表 5-5　各方案完成缺点比较

序号	对比指标	方案一（单斗-卡车）	方案二（露天采煤机）	方案三（方案一-方案二）
1	系统环节	钻孔、装药、爆破、装运、大块破碎、一破和二破等环节，受爆破影响，环节多	集破碎、采掘、装载等工艺环节于一身，开采技术简单化，且作业连续化，不需爆破，环节少	
2	投资成本/万元	22 479.38	22 575.41	−95.44
3	生产成本/万元	12 604.48	11 559.70	+1 044.78
4	生产操作和维护人员/人	71	60	11
5	物料块度和料级可以控制	控制困难	可任意调节	
6	选采性能	不好	好	
7	卡车效率		更高（相比爆破后装运提高 8%～10%）	
8	工作面情况	不平整，需辅助设备	工作面平整、干净	

续表

序号	对比指标	方案一（单斗-卡车）	方案二（露天采煤机）	方案三（方案一--方案二）
9	非煤混入率	高	低	
10	回采率	低	高	
11	零备件需要量	多	相对减少	
12	生产安排和设备配合	多	相对减少	
13	应用程度	国内应用广泛	国内应用少	
14	结论	不推荐	推荐	

（3）技术创新。

露天采矿机开采工艺曾在多项设计中被提出过，也曾对霍林河露天煤矿、胜利一号露天煤矿做过专题研究。但到目前为止，国内只有胜利一号露天矿应用二台 SM2200 型采煤机对 5 号煤层进行选采。露天煤机开采工艺自身也存在一些问题，如有开采盲区需辅助设备、煤岩厚度准确定位、备品备件供应不及时和以柴油为动力等，但露天采矿机能够实现安全、高效、经济的露天开采，具有较好的经济效益。

露天采矿机在胜利一号露天煤矿的应用，填补了国内露天煤矿开采工艺的空白，引进世界先进开采工艺，对胜利一号露天矿步入世界一流煤炭能源企业的行列具有明显的现实意义，也展示了露天采矿机广阔的应用前景。

第二节 威猛“地平王”露天采矿机的应用

“地平王”采矿工艺流程简单，采用层层剥离的方式，自上而下作业，其工作流程如图 5-6 所示。

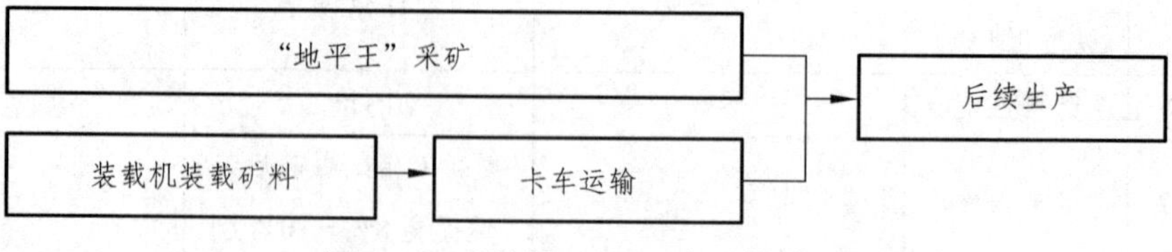

图 5-6 “地平王”采矿工艺流程

由此可见，与传统工艺相比，使用“地平王”可以省去钻机、炸药、挖掘机/电铲、破碎锤等设备及材料的采购。同时，由于其破碎粒度小（一般低于 20 cm），可以省去一级破碎，针对反击式破碎，破碎机的通入量大大增加，机器磨损及电量损耗都有一定程度降低。

一、安全性分析

1. 无须爆破，无须担心震动隐患

目前，国家对炸药的管制越来越严格，而爆破也是一项危险作业，并且通常都需要专业爆破人员。而有了“地平王”，露天采矿可实现无爆破的施工工艺。

2. 采矿范围更广，无爆破警戒范围

在地平王作业过程中，滚筒前方岩石抛射范围一般不大于 2 m，左右侧不大于 1 m，从而确保了作业安全性。与钻孔爆破工艺相比，地平王的作业地点可与现有公路、建筑物、矿山设备及工作人员之间距离更近，从而无须设置爆破警戒范围，大大增加了实际可采矿量。

3. 边坡稳定性大大提高

往往受爆破冲击影响，会造成矿山边坡松散，从而可能带来矿山人员及设备安全隐患、道路堵塞、泥石流灾害等问题。由于地平王露天采矿机采用前置式滚筒，无工作死角，其“自上而下”层层剥离的特殊工作方式，对岩石震动很小，可形成极为稳定的平整高边壁，从而使边坡稳定性大大提高，对施工人员、设备都起到了很好的保护作用。

二、生产效率

威猛“地平王”的实际生产过程，主要由三部分构成，即采矿、转向、刀具更换。因而采矿场地越长，转向时间就越短，工作效率也相应越高。

图 5-7 表征了三者之间的时间分布图，图 5-8 表征了某石灰石矿实际作业中的生产效率情况。

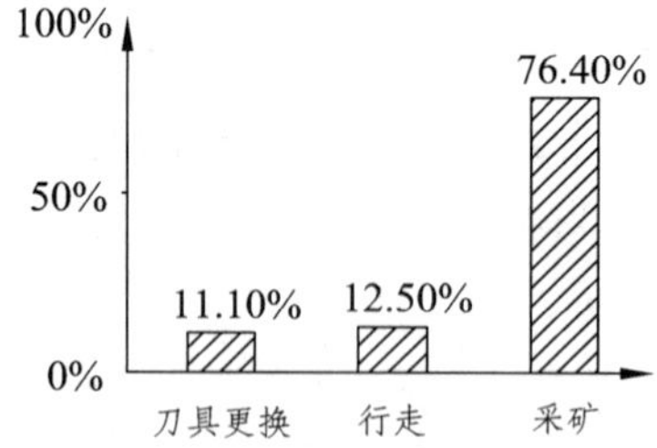

图 5-7　实际作业时间分布

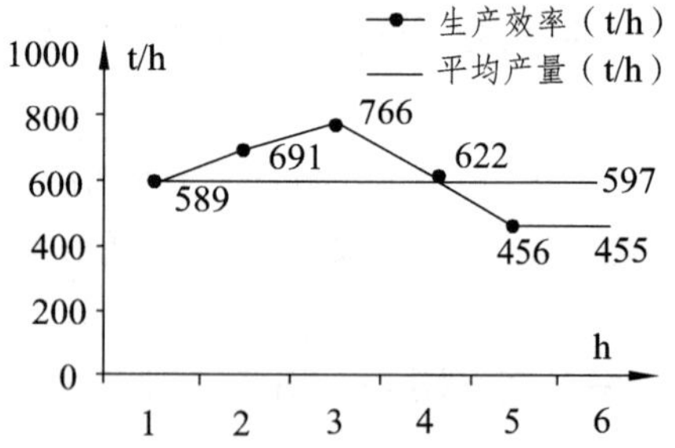

图 5-8　某石灰石矿“地平王”生产效率

三、“地平王”在石灰石矿的应用

1. 美国佛罗里达州布鲁克斯韦尔（BrookSville）

（1）软石灰岩散布有超硬燧石形成的矿层，石灰石的单轴抗压强度 UCS 为 21 ~ 55 MPa，硬度最高的岩石位于最低石灰石的研磨性不太大。

（2）特殊事项：由于采石场不希望燧石与石灰石一同粉碎，因此在遇到燧石的地方，将升高机器的滚筒，令机器从燧石矿床上通过。

切割深度为 60 cm，切割产品的筛分显示，96%的粒度为-10 cm，如此即可将物料直接输入二级粉碎机。物料的均匀性将二级粉碎机效率提高了 20%。

（3）生产率：底板岩石产量为 850 t/h，软石灰岩产量为 1 400 t/h。

2. 美国南加利福尼亚州查尔斯顿（Charleston）

（1）分层矿床，多为中等硬度的石灰石，部分矿层为软石灰石。岩石硬度随深度变化不大，UCS 为 21 ~ 90 MPa，石灰石不具研磨性。

（2）特殊事项：开采的矿坑内共有 3 个不同的区域。其中一个区域目前采用 1 台卡特 D10 型推土机进行刮削开采，从边缘将物料挖下后再归拢到一起。另两块区域采用钻井和爆破方法开采，生产出的物料较大，无法由粉碎机有效地加工。

切割深度为 40 cm，所开采的物料粒度均为-30 cm，无须使用粉碎机。

（3）生产率：松剥物料为 1 400 t/h，另外两个区域中为 900 t/h。

3. 比利时利治（Liege）

（1）采矿区内岩石层破碎性极强，矿层厚度介于 20 ~ 30 cm，UCS

为 48 ~ 90 MPa。

（2）特殊事项：由于岩石沿水平和竖直方向破裂，故初期采矿的最大切入深度为 68 cm。当时得到的产品粒度大小与开挖深度和速度的关系不大。

样品经过了粒度组测试，并与粗碎和二级粉碎中得到的粒度进行比较。粉碎后的物料中，露天采矿机开采的物料粒度 90%为-10 cm，二级破碎机则为 100%。

（3）生产率：所达到的平均生产率为 530 t/h。

四、“地平王”在露天铁矿的应用

澳大利亚的西澳露天铁矿的矿床是一处冲积矿床，前身为古河床，因而矿床分层，并有多种尺寸和形状的夹杂物，抗压强度低于典型的铁矿石矿床，因此可采用连续露天采矿机进行高效开采。其物料 UCS 为 41 ~ 120 MPa，平均压缩强度为 80 MPa。较软的物料嵌有大量黏土，极具研磨性。硬度较高的物料，研磨性虽然不高，但仍然不容忽视。

特殊事项：目前采用扒矿机来收拣开采出来的物料，并将其运输到附近的储料区。采矿机切入深度为 30 cm，可最大限度提高生产速度、减小切削齿和齿座的磨损，并优化扒矿机的物料收拣。所得物料粒度均为-20 cm，切下来的物料无须经过粗碎加工。由于粒度组分布均匀，因此物料在通过二级粉碎机时，不会对机械产生不良影响。

生产率：平均为 900 t/h，较软材料为 1 700 t/h，较硬材料为 700 t/h。

五、“地平王”在铝土矿的应用

矿床顶层由坚硬的铁铝氧化岩石构成，由于硬度较大，因此采用传统的挖掘机方法无法开采。从顶层岩石上剥离掉土壤或尘土之后，尽量将坑穴里面的剩余物料清除，即可采用刮削或者钻井爆破方法进行露天采矿。如果由于岩石过硬无法采用大型推土机刮削，则必须用破碎的铝土矿将坑穴填满，以便钻机通过相关区域。铁铝氧化岩石层的 UCS 为 27 ~ 55 MPa。

特殊事项：威猛 T1255 型“地平王”露天采矿机可在倒车负载控制

的情况下采矿。从图 5-9 可以看出，机器沿地表倒车，沿不平的地面形成了平整的通道（深度最大为 1 m 的矿坑）。地表经过充分平整后，“地平王”在通道末端落下滚筒，以 68.5 cm 的全深度进行采矿。

图 5-9　波多黎各石灰石矿中作业的威猛 T1255 型“地平王”露天采矿机

生产率：经过演示证明，采用该机后无须使用松土、钻井和爆破工艺。在部分铁铝氧化岩石层厚度较大地点，需要进行一趟以上的作业才能将其去除。

六、“地平王”露天采矿机的优势

1. 可以避免使用传统钻孔爆破等方法的弊端

露天采矿机采矿可以避免使用传统钻井、爆破、破碎等方法的弊端，为用户开采带来诸多好处。精细化露天采矿降低了冲击、振动、粉尘和噪声，与钻井和爆破相比，精细露天采矿的作业地点可以选择与公路和现有构筑物之间更近的距离。

精细露天采矿可准确地按照特定的生产要求实现各种化学成分的混配，而不会混杂不需要的物料。如果是不需要的物料更可以很直观地与所采矿石进行区分。精细露天采矿技术可以在开采面上分层作业，极大提高矿井的总体产量和经济效益。

2. 开采矿层较薄时，可沿矿层分层采矿

当开采矿层较薄时，“地平王”露天采矿机可沿矿层进行精细露天采

矿，这有助于避免不需要物料的掺混。矿山企业经常会碰到所有矿层都具备经济价值但相互之间却不兼容的情况，精细露天采矿技术在开采时可保持这些矿床之间相互分离，这对于传统的钻井和爆破来说是无法做到的。

在相当多的矿山、采石场中，使用传统方法开采，由于担心穿入地下水位面而导致矿床透水事故，一般只能采取减小开采深度或者增加降水成本的措施。而通过精细露天采矿却可密切控制开采过程，从而实现几乎所有产品的采收。在矿山、采石场，露天采矿机经常用于无法采用钻井和爆破工艺的矿床。

3. 可以形成平整的工作面

露天采矿机可以形成较为平整的工作面，可以最大限度地降低矿车和装载机的使用费用，尤其可以显著节省橡胶轮胎的消耗量。在很多情况下甚至可以使用越野卡车来代替矿车。通过采用激光或者 GPS 系统控制挖掘深度，可在矿床工作面上形成 1° ~ 2°的斜坡，以便向集水坑排水，这有助于在较长的时间内减轻矿粉受潮现象。

4. 能自始至终保证物料均匀

露天采矿机采矿从生产伊始就保证了物料的均匀性，产品是致密的矿粒。自顶向下切割可在一定程度上控制矿粉和超大矿粒的生成（150 mm）。由于能够均匀地形成小粒物料，因此与传统钻孔和爆破产品相比可大幅度提高物料处理效率（包括减小卡车车厢和挖掘机斗的磨损）。除可省掉粗碎工序外，产品粒度的均匀性还可以提高到二次或三次粉碎系统的效率。

第三节　泰斯美克“噬齿式”采矿机的应用

一台泰斯美克“噬齿式”采矿机即可同步完成所有的采矿作业流程，而破碎作业中产生的矿石碎料可直接投入矿场的工作流水线使用，其生产效率和碎料质量要远高于钻机-爆破、破碎锤-挖掘机、平地机等传统工艺。同时，还可显著降低连续破碎作业过程中的扬尘、振动、噪声等环境污染等级，该机的选择性挖掘技术的应用则使破碎机可实现挖掘深度的精确控制，并根据用户需求调整产出矿石碎料的大小（小至 2 cm，视具体岩石情况而定）。设备的可控性将使作业区域规整化，并最大限度地降低对环境的影响，也提供了在靠近桥梁、道路、铁路和城镇地区进行作业的可能性。此外，基于自动伺服控制的稳定性能和诸多特别设计的安全保护装置，操作人员的作业安全性得到大幅改善。

一般而言，矿岩开采的成本效率主要取决于岩石的磨损度、抗压度以及碎裂情况。专为硬岩破碎而开发的泰斯美克“噬齿式”硬岩破碎开沟机拓展了可应用连续破碎工艺采集的岩石范围，使原本必须使用爆破的矿岩也可通过破碎机进行开采，甚至可以挖掘最难开采的整块硬岩。在较低磨损度和层状岩石的情况下，应用“噬齿式”硬岩破碎工艺的每立方米或每吨矿料的生产成本要低于使用钻机—爆破—初级破碎工艺的成本，而前者的生产效率则是后者无法比拟的。

（1）卡塔尔 HBK 公司曾选用了泰斯美克小功率的 TRS1150 型“噬齿式”采矿机开采石灰泥岩，岩石抗压强度为 50 ~ 100 MPa，岩层表层有 0.1 ~ 0.2 m 的风化，其下则为中度断裂的新岩，TRS1150 型的破碎尺寸为 2.9 m（宽）×0.6 m（深），生产率为 170 ~ 180 m^3/h，破碎矿料尺寸仅为 25 ~ 75 mm。

（2）在墨西哥蒙特雷矿场，墨西哥水泥公司选择了发动机功率为 386 kW 的 TRS1475 型“噬齿式”采矿机进行连续破碎作业。矿场岩石为石灰岩，具有中等脆度和较低的磨损度（SiO_2<10%），抗压强度为 35 ~ 50 MPa，密度为 2.5 t/m^3，岩层 25%未断裂，其余 75%断裂，其中 50%有 50 ~ 100 mm 的石英脉间距。自重 110 t 的 TRS475 型“噬齿式”采矿机的破碎尺寸为 3.81 m（宽）×0.7 m（深），生产率可达 422 t/h，而机器的磨损度仅为 0.6 个破碎齿/h。

（3）英国 LafargeAggregate 公司曾因矿区域靠近基础设施和房屋，无法使用爆破，而选择了泰斯美克 TRS1475 型“噬齿式”采矿机对其矿场的边缘区域进行开采。该区域岩石为白云质石灰岩，具有较高脆度和较低的磨损度，抗压强度为 40 ~ 70 MPa，岩层完全断裂并有中度分层，密度为 2.2 t/m^3。TRS1475 破碎尺寸为 3.81 m（宽）×0.45 m（深），平均破碎速度为 106 m/h，生产率为 418 t/h，机器的磨损度小于 0.5 个破碎齿/h，碎料尺寸根据用户需求在 20 ~ 300 mm 之间调节。

（4）法国的 FULCHIRON 公司则选择泰斯美克 TRS150 型“噬齿式”采矿机开采白云质石灰岩，该矿场岩石的磨碎性稍高（SiO_2<20%），抗压

强度为 40 ~ 70 MPa，具有较高脆度和较高的岩层断裂度，TRS1475 型破碎尺寸为 2.9 m（宽）×0.3 m（深），平均生产率可达 456 t/h。

第四节　机械采矿法在露天磷矿开采中的应用

贵州省瓮福集团有限责任公司计划与澳大利亚 LEGEND 公司合作开发帕拉代斯磷矿。在项目合作过程中，对于适宜于该矿的采矿方法进行了分析研究，经分析比较认为机械连续采矿法适用于该矿床的开采。

一、矿区概况

帕拉代斯（Paradise）磷矿床位于澳大利亚昆士兰州西北部的乔治娜盆地，该盆地是相对无形变的沉积盆地，时间范围从上元古代到下古生代，南北走向，面积约为 270 000 km^2。澳大利亚所有的磷酸盐资源均位于该盆地范围内。

矿区平均海拔高度为 300 m，地势起伏小，主要随岩相变化。高地主要为元古代露头岩石，寒武纪沉积层构成了低地势波状地区，中生代或第三纪的沉积运动形成了一些圆丘和小方山。平缓地形上的河流只在雨季有水。

帕拉代斯磷矿区主要出露寒武纪、中生代和第三纪、第四纪冲积层。含磷岩系为中寒武纪，主要有白云岩、石灰岩、砂岩、粉砂岩和燧石。

磷矿床呈南北向展布，南北长度约 25 km，东西宽度约 5 km。磷矿体一般厚 4 ~ 6 m，最大厚度 22 m，呈层状，近似水平，倾角一般为 0° ~ 5°。

二、开采技术条件

帕拉代斯磷矿床矿体为薄—中等厚度的层状矿体，倾角平缓，呈近似水平状。矿石为磷块岩，硬度为软至中硬，f 为 3 ~ 6，磷块岩主要由碳氟磷灰石、石英、微晶石英、黏土矿物、方解石、白云石、铁氧化物组成。矿体内含有较硬的燧石夹层。

覆盖层与矿体产状一致，岩层为白云岩、石灰岩、砂岩、粉砂岩和燧石，厚度一般为 10 ~ 20 m，地表土层厚度为 1 ~ 2 m。岩层风化程度为强风化至中等风化，硬度为软至中硬，f 为 2 ~ 7。

三、采矿方法比较

露天采矿方法很大程度上取决于采矿设备。对于松软矿、岩一般可采用液压挖掘机直接铲控装车，或采用露天铲运机铲运，或采用斗轮挖掘机开采；对于中硬矿、岩，多数采用爆破松动后用挖掘机或装载机装车，少数矿、岩可裂性较好时，可采用大马力推土机带裂土器轮番裂松后用挖掘机或装载机铲装。

就帕拉代斯磷矿床而言，既有较松软岩层，也有中硬岩层，软硬岩层交替分布。特别是其中风化程度较低的白云岩、石灰岩和燧石硬度较大，呈薄层状夹杂分布其中，单层厚度为 0.2 ~ 1.5 m。如果采用液压挖掘机直接铲挖或采用露天铲运机、斗轮挖掘机开采，当遇到这些中等硬度的岩层时，工作起来就比较困难；如果全部采用爆破松动后开采，则增加开采成本；如果软硬岩层分层开采（松软岩层直接开采，中硬岩层爆破松动后开采），则工序多、效率低，而 0.2 ~ 1.5 m 厚的中硬岩层爆破作业也有一定难度，可裂性又不好。因此，针对帕拉代斯磷矿床软硬岩层交替分布，单层厚度较小的情况，需要一种既适应松软岩层又适应中硬岩层的开采方法。

通过分析比较，采用了机械连续采矿法，该方法的主要设备是露天采矿机，这是一种新型采矿设备，能较好地适应帕拉代斯磷矿床的开采。露天采矿机以履带为行走装置，作业部分为焊接有高硬度合金针头的转子，一边行走一边开采作业，每次开采厚度为 100 ~ 350 mm，开采后的矿石通过传送带运至跟随行走的自卸汽车内，露天采矿机能够适应硬度系数小于 8 的矿、岩的开采。该方法的特点是采矿机连续作业，自卸汽车跟随装车，开采范围内的所有矿、岩均不需要爆破。

四、机械连续采矿法的开采参数与采剥顺序

根据帕拉代斯磷矿床的赋存条件，矿体和岩层呈近似水平状，地表平缓，起伏小，作业时将开采范围划分为若干条块（开采单元），按一定的顺序接续开采，每个条块宽 100 ~ 150 m，长度随开采范围变化而变化，一般为 500 ~ 800 m。划分好开采条块后，从第一个条块开始，首先用推土机清除地表杂物，整理采场，然后用采矿机逐层剥离覆盖岩层，自卸汽车跟随装车并运至排土区卸载。当覆盖岩层剥离完成后，同样用采矿机逐

层开采矿体，自卸汽车跟随装车并运至破碎站卸载，如图 5-10 所示。

图 5-10　采矿机-自卸汽车工作系统示意图

具体开采顺序为：当第一个条块剥离完成后即进入采矿作业，第二个条块紧接着进行剥离；当第一个条块采矿完毕后即进入第二个条块采矿，同时第三个条块开始剥离，以此循环作业。第一、二条块的剥离岩土需要临时堆排于采场附近，以后当采空区容积足够的时候再倒运至采空区堆排。从第三个条块开始，便可将剥离岩土堆排于已经开采完毕的采空区内。按此顺序开采作业，可以实现剥离岩土零外排，并且覆土植被可与采矿剥离平行推进。采场条块划分示意图如图 5-11 所示。

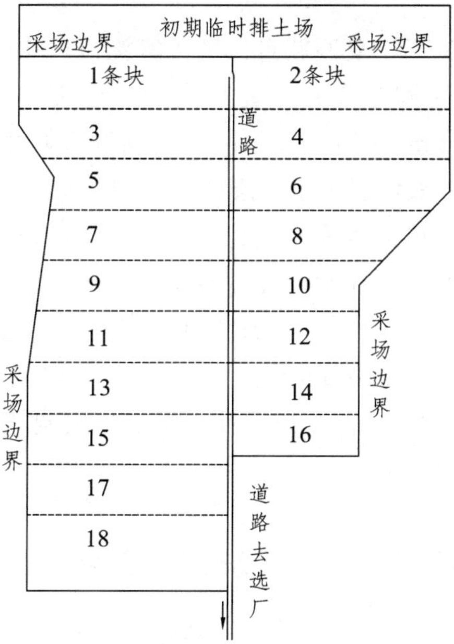

图 5-11　采场条块划分示意图

五、小　结

机械连续采矿法适用于中等硬度及以下的露天矿山，可实现连续作业，开采成本低；开采矿石块度小且均匀，可省去选矿厂粗碎工序；剥离岩土零外排，能利于延长设备使用期限；省略了穿孔和爆破两个工序，采场粉尘和噪声小；剥离岩土内排，节省土地，覆土植被可与采矿剥离平行推进。

第五节　露天采矿机在煤矿下组煤开采中的应用

宁夏回族自治区大峰露天煤矿大峰采区下组煤是典型的薄煤层多层煤，其露天开采存在较大难度，采用传统的液压挖掘机选采回采率低、矸石混入率高、煤质差，露天采矿机不仅可以解决上述问题，同时适宜该矿大区机械作业的特点，是一项可行的工艺选择。

一、矿区概况

大峰露天煤矿位于宁夏回族自治区汝箕沟矿区中部，已有超过 50 年的开采史，目前上组煤层煤已采完，大峰采区下组煤地表境界走向长 1.6 km，倾向宽 1.2 km，面积 1.92 km^2，最高开采标高+1 960 m，坑内最低标高+1 750 m。可采煤层为第三层、第五层、第七 11 层、第七 12 层、第七 2 层煤，各煤层可采厚度分别为 3.97 m、2.43 m、0.96 m、1.39 m、2.24 m，总可采厚度为 10.99 m，煤层倾角为 0° ~ 15°，可采储量为 22.15 Mt。该矿各煤层煤质单一，皆为低灰、低硫、低磷、高发热量、高比电阻、高块煤产率、高化学活性、高浮煤产率、高机械强度、易选的“太西”无烟煤，煤质优良。大峰采区下组煤是典型的薄煤层多层煤，其露天开采存在较大难度。

二、薄煤层多层煤露天传统开采工艺存在的问题

露天煤矿传统的单斗-卡车工艺在开采薄煤层多层煤时，煤层顶、底板极易混入废石，煤层夹矸难以剔除，大量的矸石及废石被混入煤中，

降低了煤质，而且增加了煤炭的破碎及洗选成本。

回采率低、矸石混入率高、煤质差等问题一直是困扰露天开采薄煤层的技术难题。根据统计，国内各露天矿薄煤层采用液压挖掘机选采回采率一般仅为 80%～90%，煤层越薄回采率越低，而选采厚度为 0.5 m 左右，对于厚度小于 0.5 m 的煤层则基本随着剥离物排弃而损失掉。采用液压挖掘机选采矸石混入率也较高，一般为 15%～25%，灰分较高，煤质较差。

三、露天采矿机应用于大峰下组薄煤开采的优点

（1）开采工艺简单。取消了穿孔、爆破、破碎等环节。

（2）安全。无爆破、无飞石，安全性大大提高。

（3）环保。粉尘少、噪声小。

（4）回采率高。回采率可由目前的 85%左右提高至 93%以上，可多回收珍稀的“太西”无烟煤资源 170 多万吨。

（5）矸石混入率低。矸石混入率可由 15%左右降低至 7%左右。

（6）提高煤质。降低灰分，提高发热量。

（7）作业成本降低。无穿孔、爆破、破碎等作业环节并减少了矸石运输成本及洗选成本，吨煤成本可降低 10 元左右，按年产 150 万 t 计，每年可节约成本 1 500 万元。

（8）可增大稳定边坡角，降低生产剥采比。露天采矿机逐层精确切削形成的急斜稳定边坡，边坡及工作平台面清洁平整稳固，提高了边坡的稳定性，同时也降低了生产剥采比。

（9）增加铺路用石料。露天采矿机采出的岩石，块度均匀，可用于铺路。

（10）解决了火区不爆破进度慢的问题。露天采矿机具有高切割力的特点，切割力可达 100 MPa 以上，生产效率较高。

四、“地平王”开采方式与装载机装运方式

“地平王”采矿机装备有一套双履带系统供采矿和运输之用，切割筒安装在机器尾部，比履带要宽，设备原地转弯时间不超过 30 s，这样在

狭窄的区域就更方便工作，并且没有死角。机器操作性能好，重心低，采矿时可在 20°坡面上有效作业。滚筒安装在尾部，比履带要宽，可形成边角齐整的竖直高边坡。

“地平王”采用水平分层横向开采方式，装载机沿煤层走向纵向分类装载，可实现煤与矸石的顺利分离。此外，采用装载机集中装运的作业方式可减少卡车等待时间，提高生产效率。“地平王”开采方式如图 5-12 所示。

图 5-12 “地平王”开采方式与装载机装运示意图

五、小　结

大峰露天煤矿下组煤开采应用露天采矿机无论在技术或经济上均有较大优势，其具有开采工艺简单、安全、环保、回采率高、矸石混入率低、煤质好、作业成本低、适宜火区无爆破作业等特点，因此在大峰露天矿下组煤开采中是一项可行的工艺选择。

第六节　液压破碎锤在采矿中的应用

一、矿山概况

石灰石矿为一滨海相沉积层状矿床，矿石为奥陶纪马家沟组北庵庄段中厚层灰岩，岩石坚硬、质脆，用于建筑石料及水泥用。在采矿许可证范围内累计查明资源储量为 3 541.3 万 t，属中型水泥用灰岩矿床。矿山建设规模为 100 万 t/a。该矿周围开采环境较为复杂，矿区西北侧开采范围 200 m 以外分布有镇工商所，西侧紧邻水泥厂区，南侧紧邻混凝土公司，东侧 80 m 处为另一家公司。周围部分村庄、建筑物距离矿区开采范围不足 300 m，存在爆破安全隐患。

针对以上开采环境影响因素，该矿采用了 2 种不同的开采工艺：① 距离被保护对象 300 m 以外采用凿岩爆破开采工艺；② 距离被保护对象 300 m 以内采用挖掘机配液压破碎锤开采工艺。

二、破碎锤开采的可行性

（1）挖掘机配液压破碎锤生产，平均采矿率很大程度上取决于矿床连续性及岩石的断裂、破碎特征。本矿矿石为中厚层灰岩，岩石坚硬质脆，适合于碎石锤开采。

（2）破碎生产效率主要取决于经验，经验越丰富，生产效率越高。以该矿使用的 HB2200 型破碎锤为例，属于重型破碎锤系列，适用于要求大功率的作业，目前已有 300 多台投入一次破碎作业使用，具有性能和生产率最大化、设计稳健、耐久性强、冲击能量稳定的优点。

综上所述，根据生产规模和工艺要求，开采设备选用 HB2200 型破碎锤，铲装作业选用 ZL50（5 t）装载机，运输选用 18 t 矿用自卸汽车。

第六章 机械采矿在有色金属矿山薄矿脉中的应用

金属矿床的赋存条件是多种多样的，特别是有色和稀有金属矿床的矿体形态复杂，所采用的采矿方法种类也很多。有色金属和黄金矿山由于矿石价值较高等原因，采用充填法的比较多，但由于矿石开采条件及矿石品质等原因，以留矿空场法为主开采的矿山仍保持有较大比例。但此方法需要留下大量的矿柱矿量有待回收。生产实践表明，科学有效的采矿方法对提高矿产资源的利用率，延长矿山服务年限，缩短井下作业线，协调采掘顺序，改善井下管理条件，及时处理空区，维护井下作业安全等都具有非常积极的作用。

第一节 机械采矿方法在黄金薄矿脉中的应用

沈阳黄金学院陈永生先生针对我国薄矿脉的地质、开采技术经济条件，建议在我国薄矿脉矿床开采中大力试验和推广机械采矿方法，以便进一步提高矿床开采效益。

一、模拟薄矿脉机械采矿工艺的探索试验

1. 模拟方案

模拟方案是在某一阶段工作面，在其矿体下盘围岩内用爆破法切割 1 个槽，此槽即作为矿体一侧的自由面，又视为削壁充填后的空间。从自由面起，把矿体分为不同宽度的若干条块即是假想的矿体厚度，厚度定为 200 mm、500 mm、700 mm。采场结构如图 6-1 所示。

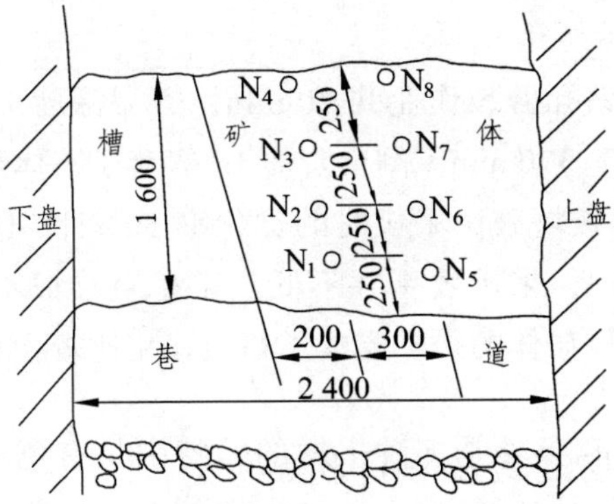

图 6-1　模拟薄矿脉的采场结构示意图

2. 试验过程及结果分析

如图 6-1 所示，第 1 条矿块宽 200 mm，钻 4 孔，孔深 600 ~ 700 mm，劈下的矿块长度均达到 700 mm 以上。劈岩机采矿效率为 1 ~ 1.5 t/h（2 人）。最后是矿块厚度 650 mm，共钻 3 排孔，每排 4 孔，钻孔时间共 33 min，平均孔深 1.2 m。劈裂机作业记录数据如表 6-1 所示。

表 6-1　650 mm 劈裂机作业记录数据

阶段	劈裂起止时间	劈裂时间/min	劈裂次数	每次劈裂时间的油压/MPa
1	10:30—10:37	7	14	10，4，15，22，12，12，10，15，20，4，14，24，16，21
2	10:39—10:41	2	4	10，18，12，17
3	10:49—11:00	11	20	22，13，9，10，17，15，11，8，5，4，22，14，37，19，12，7，25，5，2，25
4	11:34—11:40	6	10	19，24，15，17，19，19，40，19，18，19
合计	10:30—11:40	26	48	2 ~ 40

从表 6-1 可以看出，在 26 min 内共劈了 48 次，平均每分钟劈 1.85 次，劈裂速度大。记录到油压数值一般偏低，主要原因是大多数裂缝与岩石节理一致，劈裂省力。由于孔的排数多，12 个孔就劈了 48 次，每孔劈裂次数增多，劈裂效率也相应提高。

3. 采矿效率及成本分析

经实际测算，钻孔劈裂作业共 70 min，劈裂深度 1 900 mm，矿块高 1 600 mm，平均矿厚 300 mm（倒台阶形），劈落矿石体积 0.912 m^3。平均每小时采矿 2.45 t，按爆破法采矿时的贫化率 50%计，这个数字就相当于用钻爆法采矿 24.5 t，采矿效率并不低。采矿直接成本，经详细计算为 3.85 元/t，与该矿在厚矿体的采矿成本 4.33 元/t 相比较，每吨矿降低 0.5 元。

二、正式工业试验及其评价

以劈岩机为落矿工具开采薄矿脉的机械采矿新工艺经过较长时间的探索性试验并取得比较满意的结果之后，在某金矿又进行了正式工业试验。试验之前做了较充分的准备，抽调工人组成专门试验队，预备两个不同类型的采场供试验用，又研制了两台新型劈岩机以提高采矿效率。试验情况综述如下：

1. 先采矿后充填采矿工艺试验

（1）试验采场地质概况。试验矿块位于 150 m 中段，介于 597 ~ 598 线之间，矿石类型为含金黄铁矿石英脉型，上盘为煌斑岩，下盘为状花岗岩；上下盘围岩均较破碎；矿体硬度中上，整体性好，矿体倾角 67° ~ 74°，矿体平均厚度 0.75 m（0.55 ~ 1.0 m）。

（2）回采工艺的确定。通过对该矿块地质概况分析，决定采用削壁充填法，劈岩机落矿，人工出矿。回采时先采矿石，后采下盘充填采场。采下废石不足时从上部中段通过充填井下放废石充填。每采两层（约 3 m）充填 1 次。矿房结构尺寸为长 11 m，宽 1.1 m，高 27 m，如图 6-2 所示。

（3）试验情况及采矿效果。以矿房在天井处的东端为起始台阶，在天井内用木板搭一平台作为工作台开始钻劈作业，炮孔布置如图 6-2 所示。由于矿体与上下盘围岩界限分明，节理发育，所以矿石均能沿分界面劈下，效果很好。按设计要求，每阶段需钻孔 8 ~ 10 个，孔深 1.5 m，需钻孔时间 45 min，劈裂时间 25 min，平均每循环 1.5 h，每班实现 2 个循环，纯作业时间 3 h，可落矿 2.0 m^3 以上，采矿量 6 ~ 7 t，高效时钻 5 孔就劈落矿石 1 m^3（3 t 多）。11 m 长采场本应在 5 ~ 6 天内采完，但一开始却用了 9 天，这主要是技术不熟练和一些干扰因素造成的。

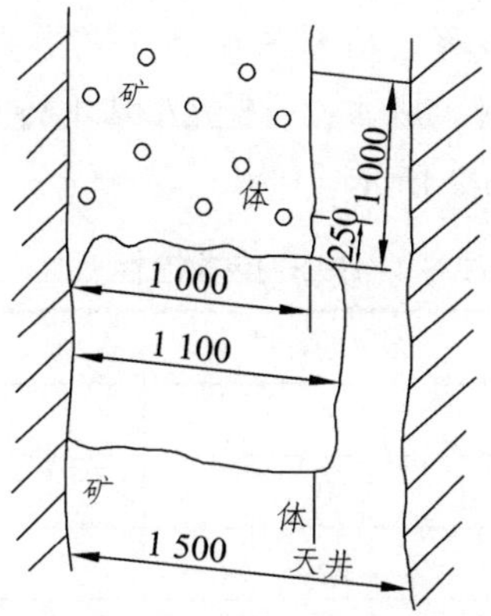

图 6-2　先采矿后充填采场示意图

上采两个分层以后进行充填。原设计采用削壁充填，但矿石采出后，采场宽达 1 m，最窄处 0.55 m，完全可以进行钻-劈作业，不必再削壁，遂改为通过充填井下放废石充填，人工平场。整个试验从采矿到充填真正做到了无爆破，具有特殊意义。充填后平整采场，铺 1 层胶带，便开始采下一分层矿。

从劈岩机采矿效果来看，基本上做到了矿石无损失、无贫化，实现了“零”指标。这正是我们进行机械采矿方法研究的根本目的所在，是任何以爆破法落矿的采矿工艺都绝对达不到的高指标。

采矿效率，按每班采两个循环落矿 6 ~ 7 t，则采矿工效为 3 t/（人·班）（2 人作业）。

（4）经济技术指标和经济效益评价。该矿块原先也采用削壁充填采矿工艺，但由于下盘围岩不稳固，崩矿时下盘围岩垮落严重。原设计采矿宽 1.2 m，爆破落矿后采场实际宽度平均 3.3 m，最宽处达到 4 m。崩矿前，虽然也在矿体下面铺 1 层 800 mm 宽的胶带，但落到胶带上的矿石只是一部分，实际上有相当一部分矿石被抛到远处而与充填体相混，这部分矿石在用电耙出矿时就丢掉了，估计占三分之一。同时，不断垮落到胶带上的下盘围岩却被当作矿石运出，矿石进一步贫化。原设计出矿品位为 11.9 g/t，但实际出矿品位低于 5 g/t。原设计矿石采出贫化率为 30%，而按实际生产数字计算为 38%，似乎贫化率并不高，可是 11.9 g/t 的品位怎么会变成 5 g/t 以下呢？显然是损失贫化造成的。现在采用劈岩机采矿法采矿，矿石严重的损失、贫化问题就都不存在了。

采矿成本：经详细核算，机械采矿新工艺的直接成本为 8.08 元/t，与该矿目前用钻爆法的采矿成本 7 ~ 8 元/t 基本持平。钻劈法和钻爆法采矿的经济技术指标如表 6-2 所示。

表 6-2　经济技术指标对比

项目	机械采矿	爆破法采矿
损失率/%（一次）	0	5
贫化率/%	0	54.5
采下矿石量/t	630	1 386
出矿金属量/kg	6.1	4.575（二次损失按 20%计）
选矿费用/元	7 220.00	29 868.3（21.55 元/t）
氧化费用/元	2 726.00	3 948.00（47 元/t）
采矿费用/元	4 221.00	9 286.00（6.7 元/t）
运输提升费用/元	3 818.00	8 316.00（6.06 元/t）
冶炼费用/元	322.00	241.47（58 元/t）
直接总成本/元	18 307.00	51 659.77
产金量/kg	5.553	4.163
销售收入/元	266 544.00	199 824.00
利润/元	248 237.00	148 164.23

由表 6-2 可见，如此小的试验采场就多获利 10 万元以上，足以说明机械采矿新工艺的采选综合经济效益是很高的。同时减少尾矿库占用，社会效益明显。

2. 先削壁充填后采矿工艺试验

（1）试验采场地质概况。试验采场赋存于 47#矿脉 206 中段，矿体倾角约 80°，矿体厚度 3 ~ 10 cm，平均矿厚 6.5 cm；上下盘围岩均为花岗岩，较稳固，且矿体与围岩界限较分明。矿石平均品位 26 g/t，矿量 349 t，金属量 9.07 kg。

（2）回采工艺的确定。根据矿体赋存情况，最大厚度仅 10 cm 的矿体只能先削壁充填而后采矿，即先劈下盘围岩宽 0.9 ~ 1.1 m 进行充填，平场后铺设胶带，然后用劈岩机落矿，把矿石劈落在胶带上，用人工将矿石耙运到溜矿井经漏斗放出。但采矿初期先从 206 平巷上采，矿石从胶带外端运出到巷道里由人工装运。待采场上采到与 220 水平沿脉巷道贯通后，采出的矿石再运到溜矿井经漏斗放出。

（3）试验情况及采矿效果综述。本采场采矿初期相当于巷采。由于矿脉极薄，必须先把下盘劈落，既形成了自由面，又把矿体露出，以便劈裂。劈落下盘围岩的方法不外乎爆破法和劈裂法，但采用哪种方法其基本原则是只要保住矿体不落，哪种方法快就用哪种方法。由于矿体比较稳固，我们决定试用爆破法劈下盘围岩。一开始，请有经验的钻工钻了 12 个孔，孔深 1 m；第 1 排孔距矿体 0.6 m，第 2 排孔距第 1 排孔 0.5 m。爆破以后矿体完整无损地露出来，暴露面长 4 m、高 0.5 m，非常理想。遂继续扩大矿体暴露面，第 2 次又钻孔 6。

（4）经济技术指标和经济效益评价。矿厚仅 30 ~ 100 mm 的极薄矿脉实属特殊，若用爆破法开采，即使矿厚 100 mm、采场宽 1 100 m，矿石采出的贫化率也达到 91%，干 1 t 矿掺 10 t 毛石。每吨毛石的采、运、选、氰化、冶炼等费用最低 40 元以上，那么 10 t 毛石就浪费资金 400 余元。换句话说，用机械采矿工艺每采 1 t 矿石就可获经济效益 400 多元。另一方面，把用爆破法无法开采的宝贵的矿产资源用劈岩机开采出来，这是最大的经济效益。

三、结论和期望

（1）劈岩机开采贵金属薄矿脉和极薄矿脉采矿新工艺经过长期的研究和试验，证明理论上是合理的，实践上是可行的。

（2）液压劈岩机作为落矿工具是可行的。

（3）劈岩机采矿法开采金属薄矿脉和极薄矿脉，能最大限度地降低矿石采出的损失和贫化，而且经济效益颇高，这是任何采用爆破法落矿的采矿工艺都无法比拟的。从而为黄金、贵金属薄矿脉的开采创出了一条新途径。

（4）劈岩机采矿效率固然比爆破法低得多，可是劈岩机采矿的贫化率和损失率也比爆破法低很多。试验表明，在相同期限内，劈岩机采矿所得到的金属量却比爆破法多，起码不会低于爆破法。因此可以说劈岩机的采矿效率并不低，从而解除了人们对劈岩机采矿效率低的顾虑。

（5）改变传统观念和管理办法。目前，矿山生产管理上都是以采矿量来进行工作考核并实施奖励，缺乏必要的质量检验，从而造成矿石的损失、贫化严重，经济效益很低。而机械法采矿的采矿量大幅度减少，这与当前的生产管理办法相抵触，使机械采矿新工艺难以推广应用。应该说，采矿的目的不是要毛石，而是要金属。我们应该从这个概念出发，从高效益出发推广和采用机械采矿法。

第二节　软破薄矿体机械开采

岷县天昊黄金公司矿岩极为破碎，存在矿体薄、品位低、充填开采成本高、地表不允许塌陷等不利条件，经试验研究确定采用适合该矿体特征的沿走向脉内巷道式上向废石充填连续采矿法。该方法的基本特征是机械落矿、装运连续进路式上向废石充填、采切工程量小、机械化程度高、回采安全性好、实际工程应用实现了回采率、贫化率 8%。

一、矿体特征及开采技术条件

1. 矿体特征

岷县天昊黄金公司区内发现 13 条岩金矿体，均赋存于近东西向断裂破碎带中，从北向南依次划分为 3 个矿带：Ⅰ矿带长大于 1 200 m，宽 1.5 ~ 15 m，走向 90° ~ 270°，共有矿体 9 个；Ⅱ矿带长 550 m，宽 1.5 ~ 25 m，走向 100° ~ 280°，共有矿体 3 个；Ⅲ矿带长 600 m，宽 2.0 ~ 40 m，走向 100° ~ 280°，圈定矿体 1 个。它们的主矿体分别为Ⅰ-1、Ⅱ-2 和Ⅲ-1 矿体，而开采的主要矿体是Ⅰ矿体和Ⅲ矿体。其中Ⅰ-1 矿体长 1 215 m，厚 1.58 ~ 4.74 m，产状 180°/75°，含金平均品位 6.1 g/t；Ⅲ-1 矿体长 560 m，厚 6.98 m，产状 190°/75°，含金平均品位 2.48 g/t。

2. 开采技术条件

（1）工程地质条件：区内主要工业矿体顶、底板岩性均为中厚—厚层状石英砂岩，岩石完整性及坚固性极差，且均有不同程度的硅化。裂隙、节理构造极为发育，抗压、抗拉性能差。矿体上下盘与围岩分界不明显，矿体与围岩呈渐变过渡关系，只能靠取样化验确定矿体和围岩的分界线。Ⅰ矿带（最厚不超过 5 m）采场内矿体、围岩均很破碎，矿山生产实践证明基本无法用浅孔留矿法开采，目前采用在巷道内挑顶落矿（基本不用爆破）方式采矿，且每次挑顶落矿后要及时用废石充填，否则就会出现坍落现象。而Ⅲ矿带之前掘进的脉内巷道基本全部采用木或钢支护，且部分支护区段也已出现了垮塌现象。另外Ⅲ矿带浅表小露天采场内矿体不用爆破，仅用挖掘机进行挖矿即可回采。

（2）水文地质条件：矿区一般顶板围岩均无大量渗水现象，仅在断裂破碎带存在滴水现象，但水量也很小，而这种水又主要靠雨水补给，表现为雨季滴水量较大，旱季几乎无滴水现象，且矿体多在侵蚀基准面以上，目前未发现有含水岩系，开采过程中一般不会出现涌水现象。由此可以看出，该矿属于水文地质条件简单类型。

3. 岩石力学参数

试验采用 2 种方式：钻孔岩芯样；现场点荷载试验。

两种试验结果分别列入表 6-3、表 6-4。

表 6-3　矿岩力学参数室内试验结果汇总

矿岩名称	密度/（g/cm^3）	抗压强度/MPa	抗拉强度/MPa	变形试验		抗剪断试验	
				弹性模量/GPa	泊松比	黏聚力/MPa	内摩擦力/（°）
板岩	2.70	116.15	3.33	41.27	0.17	9.90	43.70
矿石	2.63	62.74	4.20	64.47	0.19	6.40	41.70
砂岩	2.65	76.77	1.97	64.89	0.20	7.60	42.50

表 6-4　现场点荷载试验结果

矿岩名称	试验方向	$I_{S(50)}$				抗压强度				抗拉强度			
		分值 1	分值 2	分值 3	均值	分值 1	分值 2	分值 3	均值	分值 1	分值 2	分值 3	均值
板岩	垂直结构面	2.23	2.29	2.00	2.17	40.92	41.98	37.93	40.28	1.54	1.58	1.43	1.52
砂岩	垂直结构面	1.88	1.99	1.20	1.69	35.94	37.62	25.85	33.14	1.35	1.42	0.97	1.25
矿石	垂直结构面	2.00	2.09	1.90	1.99	36.57	38.13	36.28	36.99	1.38	1.44	1.37	1.39

比较试验结果，可见室内岩芯试样抗压强度一般在 60 MPa 以上，这

显然高于现场点荷载试验结果 30 MPa 左右。因此，综合现场情况分析，可认为矿、岩体易于风化、遇水软化性强、坚固性小。结合开采过程中现场揭露的情况，可认为矿区范围内出现的各类主要围岩和矿石的点荷载试验值均相对较低，其抗压强度均在 60 MPa 以下，抗压性能较差。不论是矿石还是围岩，其试验值离散度较大，采矿方法选择及工程中要充分考虑这一点。

二、采矿方法选择要求

（1）要充分考虑并有效结合矿山实际生产情况及周边资源供给环境，主要表现为矿山自有尾矿因不沉淀而无法作充填料使用，因此胶结充填所需主要材料如砂子等均需外购，且该地区河砂价格较高。

（2）根据目前开采方法、开采工艺及存在的问题，选择生产能力大、机械化程度高的采矿方法，在开采技术条件允许的情况下，尽量减少爆破扰动，针对矿体特点及开采规划要求，最终实现采掘、装运于一体的连续开采工艺。

（3）针对矿石总体地质品位低的固有特点，选择回采率高、贫化小的采矿方法和回采工艺。

（4）针对矿区社会环境要求，选用不会引发地表塌陷的采矿方法。

三、采矿方法及工艺

根据前面矿床开采技术条件、采矿方法选择的要求、矿山目前开采实践及矿山整体开采规划要求，经过综合分析，确定采用适合天昊黄金公司矿床条件的采矿方法为沿走向脉内巷道式上向废石充填连续采矿法。采矿方法如图 6-3 所示。

1. 采场布置及回采顺序

矿块沿走向布置，每一中段采用自下而上的上行式开采方式，每个回采单元（3 个矿块）采用从一侧向另一侧自下而上分层开采、分层同填的顺序回采。

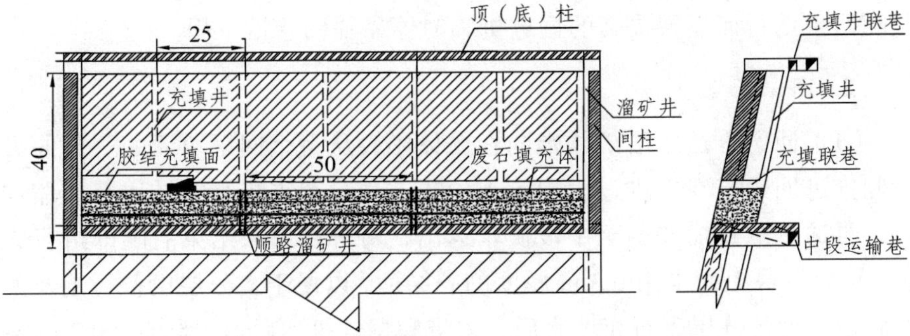

图 6-3　沿走向脉内巷道式上向废石充填连续采矿法

2. 采场结构参数

每个矿块长 50 m（沿走向），宽为矿体厚度（2.2 ~ 4.2 m），每 3 个矿块组成 1 个回采单元。每 2 个回采单元间留一宽 5 m 的间柱，每个回采单元留设 5 m 高的底柱，不留顶柱，上一中段回采的底柱作为下一中段回采的顶柱。分层高度为掘进机的最大掘进高度与充填后采场净高之差。

3. 工程布置

中段主要运输、安全工程布置：在每个中段下盘脉外 7 m 左右处布置 1 条沿脉运输巷道（3 m×3 m），每个矿块（即每 50 m 间距）通过沿脉巷联道（2.5 m×2.8 m）与之相通。每个回采单元沿走向在矿体下盘 9 m 左右处布置 1 条连通上、下中段的斜井（2.5 m×2.8 m）。该斜井坡度 15°（满足掘进机爬坡能力），并通过 3 条斜井联巷（2.5 m×2.8 m）将斜井与采场连通。每个矿块在矿体下盘布置 1 条人行井（2 m×2 m）作为安全出口。其中每个回采单元两翼的人行井布置在间柱内。顺路人行井采用 7 mm 的钢板制作。

中段充填、溜矿井工程布置：通过上中段沿脉巷道，每个矿块沿走向每隔 25 m 在矿体下盘脉外 5 m 处（或靠矿体上盘）布置 1 条充填井（1.6 m×1.6 m）。对应中段沿脉联巷，回采中每个矿块布置 1 条溜矿井（该溜矿井底柱 2 m 高部分回采前形成，底柱以上采用顺路溜矿井形成）。顺路溜井从下至上采用 7 ~ 5 mm 的钢板制作。

4. 采准切割

由于采用巷道式掘进机破岩采矿，因此没有切割巷和切割井，本方案中的采切工程主要包括每个中段沿脉巷道与第 1 分层的联络巷道，以及随回采上行而逐层提高的掘进机临时停靠辅助巷道工程。

5. 回采工艺

（1）回梁方法。沿矿体走向在矿体中央从每个回采单元的一侧向另一侧推进回采。在推进过程中落下的矿石通过掘进机直接转运至伸缩皮带，再通过顺路溜井倒至中段矿车运出，每分层回采结束后随即进行充填，每分层最上面采用 0.3 m 厚度的胶结面，以便于上分层设备行走及矿石转运。待每分层废石充填完后，皮带和掘进机均后退至起点，0.3 m 厚胶结面充填完成后即进行上一分层的回采。依次循环向上回采，最上一分层回采结束后不进行充填，然后以同样方式进行下一中段的回采作业。

（2）矿石搬运。掘进机转运—伸缩皮带—矿石溜井—下盘运输巷机车牵引—提升至地表。

（3）采场充填。每一分层矿石采掘完毕后通过上中段充填井采用废石充填采空场，然后采用现场搅拌胶结料的方式再充填 0.3 m 厚的胶结面。该胶结面既有利于上分层回采过程中设备行走，也有利于矿石转运及转运中控制采矿损失和贫化，每次充填前应安放好矿石溜井和顺路人行井。充填废石料主要采用铲运机或电耙搬（耙）运平整，人工辅助平整。

（4）采场通风。新鲜风流通过下中段运输巷道一侧人行井、顺路人行井—采场—充填井和掘进机前采场—另一侧人行井—上中段沿脉巷—地面回风井。该矿通风情况良好。

四、矿柱回收

生产中可根据现场实际情况，每个矿块的最上面 2 个分层与顶柱矿体一起（高度约 8 m）采用无底柱崩落法的方式回采。回采中随该部分矿体的崩落，将上下盘岩体进行少量崩落，以对该部分矿体回采形成的空区进行适当充填，减少岩体变形影响范围。另外，当矿体走向较长且连续性较好时，视岩体稳固及采场支护情况，2 个回采单元之间的间柱可同步回采。

五、主要工程量及技术指标

Ⅲ-1 矿体主要试验研究技术经济指标如表 6-5 所示。

表 6-5 Ⅲ-1 主要技术经济指标

地质品位/（g/t）	矿石密度/（t/m^3）	单元生产力/（t/d）	长度采切比/（m/kt）	体积采切比/（m^3/kt）	矿石回收率/%	矿石贫化率/%
2.48	2.5	一般大于1 000	26	117	0.3	91

六、小　结

（1）充分结合矿山开采环境和开采技术条件，采用室内及现场试验、工程类比与理论分析相结合的综合方式，提出了沿走向脉内巷道式上向废石充填连续采矿法，该方法在软破倾斜矿床中具有机械化程度高、采切工程量小、回采指标好、生产效率高、地压管理有效等突出优点。

（2）爆破扰动对软破矿岩的采场稳定影响极大，机械崩落采矿工艺对类似条件矿山开采具有较好的借鉴意义。

第三节　劈岩机采矿

脉状薄矿体是坑内矿开采的主要对象之一，与中厚以上矿体开采相比，因为这类矿体的开采必须在狭窄的工作面内进行，所以劳动强度大、生产效率低、生产费用高、作业环境差，而且贫化损失也较大。但无论如何，薄矿脉仍是有色、稀有和贵金属的主要潜在资源，因此世界矿业发达国家，如美国、加拿大、南非等国的生产者投入了大量的力量来研究开发适合脉状薄矿体开采的有效采矿方法，其中机械采矿法是人们主要研究的课题之一。

机械采矿法是指在矿房回采过程中，不是用凿岩、装药、爆破的方法崩落矿石，而是用其他手段（例如切割、冲切、胀裂等方法）来崩落矿石的一种新型方法。与传统的采矿方法相比，由于机械采矿法取消了凿岩→装药→爆破的循环作业方式，可实现机械化连续开采，所以它的劳动强度低，劳动生产率高。同时，还因为无爆破震动，减轻了回采对矿体及围岩的破坏，这对加强采场地压管理及降低损失贫化都具有显著的作用。

目前，各国对地下硬岩机械采矿技术的研究主要着眼于薄至极薄矿脉的开采。在技术上可行且较有发展前途的机械采矿法有磨料高压水射流采矿法、凿岩劈裂采矿法、金刚石绳锯采矿法和钢丝绳锯采矿法。

一、采场的选择原则

（1）理想的矿脉宽度应在 1.5 m 以内，矿量相对较少，用钻爆法容易造成严重的损失、贫化的矿体。

（2）必须是急倾斜矿体。矿体倾斜角在 60° ~ 90°。

（3）必须是品位较高的贵金属矿体（经济效益高）。

（4）要求矿体硬度较高、完整性好、不破碎，即矿石的可劈性好，矿岩硬度 f 为 18 ~ 20，劈裂抵抗线为 200 ~ 350 mm，如果断裂面与岩石节理面一致，则抵抗线可达到 400 ~ 500 mm。

二、采矿工艺的原则

（1）若矿脉宽度在 0.75 ~ 1.5 m 时，可考虑采用干式充填采矿法，即先用劈岩机落矿，后用毛石充填。

（2）若矿脉宽度在 0.5 m 以下，必须用削壁充填采矿法，即先削壁充填后采矿。

无论采用何种采矿工艺，都应在采矿之前，在充填体上铺一层胶带，避免矿石与充填体相混，造成二次贫化、损失。

三、薄矿脉元爆破采矿新工艺探索性试验

1. 试验采场的选择和采矿方案的确定

根据劈岩机工作特点，要求在被回采的矿体的某一侧要有自由面，初步试验采场选在某铅矿 720 m 水平 1#矿脉内，系脉内巷道，巷道宽 2.4 m，矿体厚 1.5 m，倾角 70°，左上角有一个 1.5 m×1.5 m 的脉内盲天井。决定以矿体在巷道内的表面为自由面（顶板），以盲天井内沿矿体走向的两侧为工作面，从下往上每 1 m 高的工作面为 1 阶段，拟选定多阶段全工作面落矿采矿工艺。

2. 试验过程分析

按设计，每阶段工作面钻 4 排孔，孔深 1.4 m，劈裂抵抗线 250 mm，共钻孔 16 ~ 20 个。由于劈岩机外形的影响，每孔只能劈 1 ~ 2 次，故劈裂必须从下往上一排排地顺序劈裂（每孔只劈 1 次），到头后再从第 4 排转到第 1 排开始往上劈，直到各孔均无法再劈为止。

试采结果表明：劈岩机每次劈裂时间为 5 s，平均每分钟劈 2 次，其中包括对个别孔的撬岩等辅助时间。两名工人在 2.5 h 内采矿 5.67 t。

四、液压劈岩机在薄矿脉开采中的试验与鉴定

液压劈岩机是机械采矿工艺的主要落矿设备，因此必须先研制一种先进的、性能可靠的劈岩机。经过几年的研制、现场试验和多次改进，PY80 型液压劈岩机的整机性能均已达到了设计要求。该机具有劈裂力大、重量轻、密封性能好、楔子劈开间隙大、油缸中心回油等优点，能符合机械采矿工艺的要求。

1989 年和 1991 年在招远金矿分别进行了薄矿脉机械采矿法的探索性试验和正式的工业试验。结果表明，液压劈岩机作为落矿工具是可行的。采用劈岩机采矿工艺，能有效地开采薄矿脉和极薄矿脉，其矿石损失贫化率极小，对于贵金属矿床开采来说，具有明显的经济效益。

山东省黄金局于 1991 年 9 月 17 日在招远金矿主持召开了劈岩机采矿法技术鉴定会，经过专家评审组认真评审，一致认为劈岩机采矿法用来开采贵金属薄矿脉和极薄矿脉的试验研究是成功的，为国内外首创，具有先进水平。

第三篇　矿山环境保护

第七章　露天矿环境保护

第一节　概　述

一、环境与生态

所谓环境，是指在地球生物圈内作为人类赖以生存的社会物质条件之一的自然环境。它是从地球大气圈下层至岩石圈上层之间的大气、水、土、岩石、光、热、植物、动物和微生物等各种自然因素的总和。这些构成自然环境的基本因素，称为环境因素。在生物圈中的生物既依存于这些环境因素，又反过来影响它所在的环境，就是说生物与环境因素之间以及各种环境因素之间是互相联系着，互相依赖着，互相制约着。这种联系、依赖和制约的关系就是生态，这种综合体就是生态系统。在生态系统中，不断地进行着物质循环、信息交换和能量转换，并保持动态平衡。如果不尊重生态系统的规律，人为地破坏生态平衡，就会遭受大自然的惩罚。

环境污染对人体健康的影响具有广泛性、长期性、潜伏性等特点，又有致癌、致畸、致突变以及导致其慢性病的可能，因此必须重视露天矿环境保护问题。露天矿山受四季变化的影响，有的地方冬季非常寒冷，有的地方夏季非常炎热，所以露天矿还必须有相应的劳动保护措施。露天矿占用土地比地下矿山多，使大片土地不能种植，并破坏自然环境，影响局部的生态平衡。如何恢复和利用土地以及绿化等问题，也是露天矿的一个突出问题。

露天矿还影响和破坏地面和地下水系，影响农田灌溉和用水。为了防止露天矿开采对环境的污染，减少危害，美国、加拿大等以露采为主的国家，多采取控制污染源及加强防护的方法，苏联则对露天矿的人工通风方法进行了长期的试验研究。近几年来，我国露天矿已开始控制污染源并采取防护措施。对于土地的恢复及利用，少数矿山也在进行工作。例如抚顺矿务局，在西露天矿所属的采场、排土场范围内，共造田 9 270 亩（1 亩≈666.7 平方米），已达占地面积的 15%；义马露天矿用于种地、造林和植树的总面积达 2 200 亩，是排土场占地面积的 37%。

二、露天矿的环境污染

露天开采对环境破坏和污染的表现有：烟尘、废气对大气的污染，煤及硫化物的自然发火；放射性矿物造成的污染和危害，酸性水和污水污染地面水系和地下水；工业噪声对人们心理生活以及工作效率等方面的不良影响，大量占用土地，影响农田、森林及农作物的种植等。在露天矿开采的过程中，凿岩、爆破、铲装、运输等生产环节，都产生大量粉尘，在风流作用下，可能局部污染附近的城镇、农田及露天矿作业区。例如抚顺西露天煤矿的粉尘和选煤厂的煤尘以及配件厂翻砂车间的矽尘，每年总排放量达 34 t。东北某露天铁矿，由于粉尘严重污染采区，1976 年统计硅肺及疑似硅肺病患者竟占全矿职工的 34.8%。

露天矿爆破时产生的烟尘及毒害气体，可以扩散飘逸至数公里以外，运矿汽车的废气含有毒气体及致癌物质。在风流停滞区，汽车废气中氮氧化合物及碳氢化合物，在阳光照射下还可形成“光化学烟雾”。

露天矿的废水，可染污土壤、河川，影响植物生长。例如抚顺西露天煤矿、排土场废石中的硫化物和其他污染性化合物，由于雨水长期浸滤，使 200 ~ 300 m 范围内的地下水中硫酸盐含量达 107 mg/L，硝酸性氮含量为 38 mg/L。

露天矿的各种生产设备，运转时都会产生噪声，使人心烦，降低劳动生产率，引起各类疾病，甚至导致人身事故。

露天矿大气污染源与污染物质：露天矿大气污染源与污染物质如图 7-1 所示。

露天矿爆破作业产生的粉尘及毒害气体，周期性地进入采场大气中，并扩散污染邻近村镇及农田。常用的几种炸药的毒气生成量如表 7-1 所示。

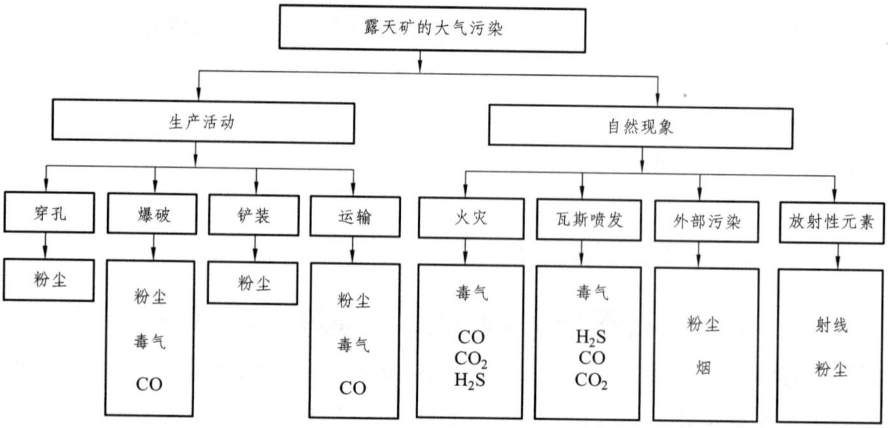

图 7-1　露天矿大气污染源与污染物质

表 7-1　几种矿用炸药的毒气产生量

炸药名称	使用地点	有毒气体生成量/（L/kg）		
		CO	NO_2	总量（换成 CO_2）
2 号铵油炸药	岩石	18.93	9.06	77.8
2 号岩石铵锑炸药	岩石	20.76	7.56	69.9
2 号煤矿铵锑炸药	岩石	20.99	7.07	66.8

汽车排放的废气严重污染露天矿大气。汽车每升燃油排放的主要污染物如表 7-2 所示。

表 7-2　汽车排放污染物

污染物名称	烧汽油/（g/L）	烧柴油/（g/L）	
	小汽车	载重汽车	机车
二氧化碳	0.295	3.24	7.8
一氧化碳	16.9	27.0	8.4
氮氧化物	21.1	44.4	9.0
碳氢化物	33.3	4.44	6.0
铅化合物	2.1	1.56	3.0

汽车废气中的碳氢化合物和氮氧化合物，经太阳紫外线照射后，生成一种淡蓝色的“光化学烟雾”，对生物健康造成重大影响。汽车废气中还有致癌物质 3,4-苯并芘。据测定，燃烧 1 kg 汽车可产生 12 ~ 15 mg 苯并芘，燃烧 1 L 柴油可产生 18.2 mg 苯并芘。采用铁路运输时，蒸汽机车

排出的一氧化碳和煤烟也会污染大气。当开采容易自燃的矿物（煤、硫化物）时，燃烧可产生一氧化碳、硫酐和少量的硫化氢。有些露天矿的岩石中或层间水中赋存有硫化氢、二氧化碳或放射性元素，开采时散发出来，也会污染露天矿大气。瓦斯的自然逸出，是另一个应该重视的污染源。

第二节　露天矿大气中的主要有毒有害气体及其危害

在露天矿大气中，主要的有毒有害气体是一氧化碳、二氧化碳、氮氧化合物、二氧化硫、硫化氢、碳氢化合物以及派生出来的二次污染物等，它们对人体均有不同程度的危害。人体吸入这些气体，可能引起急性或慢性中毒及职业病。

一、一氧化碳（CO）

一氧化碳是无色、无味、无臭气体，对空气的相对密度为 0.97。与红血胞中血红蛋白的亲和力比氧气与血红蛋白的亲和力大 300 倍。它被吸入人体后，阻碍了氧和血红蛋白的正常结合，使人体各部组织和细胞出现缺氧现象，引起窒息和中毒，以至死亡。一氧化碳浓度、接触时间与中毒反应如表 7-3 所示。

表 7-3　一氧化碳浓度、接触时间与中毒反应

一氧化碳浓度		接触时间	中毒反应
mg/L	%（按体积计算）		
0.2	0.016	数小时	无症状或仅有轻微症状
0.6	0.048	1 h 以内	轻微中毒，有耳鸣、头痛、头晕、心慌症状
1.6	0.128	0.5～1 h	严重中毒，除轻微中毒的症状外，还会出现肌肉疼痛、四肢无力、呕吐、感觉迟钝和丧失活动能力等症状
5.0	0.4	短时间内	致命中毒，丧失知觉、痉挛、呼吸停顿、假死

露天矿大气中一氧化碳主要来源于爆破时的炸药分解、煤炭自燃和内燃机排出的废气等。

二、二氧化碳（CO_2）

二氧化碳是无色略有酸味的气体，对空气的相对密度为 1.52，略有毒性，易溶于水，对眼、鼻及咽喉黏膜有刺激作用。空气中二氧化碳含量超过 1%时，人就不能正常呼吸。空气中二氧化碳含量与人体反应如表 7-4 所示。

表 7-4　空气中二氧化碳含量与人体反应

空气中二氧化碳含量/%	人体反应
1	呼吸急促
3	呼吸量增加两倍，工作人员很快疲劳
5	呼吸感到困难、耳鸣、心跳加快
6	发生严重的喘息，极度虚弱无力
10	头昏，发生昏迷现象
10～20	呼吸处于停顿状态，人失去知觉
20～25	中毒死亡

露天矿大气中二氧化碳的主要来源是矿物岩石的缓慢氧化、有机物的氧化和分解、煤或矿物自燃以及从煤层或岩层逸出等。爆破时炸药分解及内燃机柴油汽油燃烧也产生二氧化碳。

三、氮氧化合物（NO_x）

氮氧化合物是氮的几种不同氧化的混合物，其中最重要的是二氧化氮。

二氧化氮（NO_2）是褐红色气体，对空气的相对密度为 1.57，极易溶于水，对眼睛、鼻腔、呼吸道有强烈的刺激作用。进入肺泡后，能形成亚硝酸和硝酸，对肺组织产生剧烈的刺激作用和破坏作用。空气中二氧化氮含量与人体中毒反应如表 7-5 所示。

表 7-5　空气中二氧化氮含量与人体反应

二氧化氮浓度/%	人体中毒反应
0.004	2～4 h 内不会引起显著中毒现象
0.006	短时间内对呼吸器官有刺激作用，引起咳嗽，胸部发痛
0.01	短时间内对呼吸器官起强烈刺激的作用，引起剧烈咳嗽，声带痉挛性收缩，呕吐，神经系统麻木
0.025	短时间内很快死亡

露天矿大气中的二氧化氮，主要来自爆破时的炸药分解和内燃机排放的废气。

四、二氧化硫（SO_2）

二氧化硫是无色、具有强烈硫黄味和酸味的气体，易溶于水，对空气的相对密度为 2.2，对眼睛和呼吸器官有强烈的刺激作用。它和呼吸道的湿润表面接触后能形成亚硫酸，严重侵蚀呼吸器官，使喉咙及支气管发炎、呼吸麻痹乃至引起肺水肿。空气中二氧化硫对人体的毒性作用如表 7-6 所示。

露天矿中的二氧化硫，主要是因硫化矿物的缓慢氧化和燃烧，以及煤的自燃而产生的。

表 7-6　空气中二氧化硫含量与人体反应

二氧化硫含量/%	人体反应
0.000 5	能闻到刺激味
0.002	对眼睛及呼吸器官有强烈刺激，引起咳嗽、头痛、喉痛，并使眼睛红肿、流泪等
0.05	引起急性支气管炎，肺水肿，短时间内能中毒死亡

五、硫化氢（H_2S）

硫化氢是无色微带甜味并有臭鸡蛋味的气体，对空气的相对密度为 1.19，易溶于水，有强烈的毒性，能使血液中毒，对眼睛黏膜及呼吸系统有强烈的刺激作用。空气中硫化氢含量与人体中毒反应如表 7-7 所示。

表 7-7 空气中硫化氢含量与人体中毒反应

硫化氢含量/%	接触时间与中毒程度	中毒反应
0.01	数小时后发生轻度中毒	流唾液、清鼻涕、瞳孔放大、呼吸困难
0.02	1 h 内不致发生严重症状	昏睡头痛、呕吐、四肢无力
0.05	30 min 到 1 h 内，能引起严重中毒	失去知觉、痉挛、脸色发白，不进行急救便会死亡
0.10	很快死亡	

露天矿的硫化氢主要是从矿岩裂隙和空洞中析出，或从矿层间的地下水中排出的，露天矿的发火区也会排出硫化氢。

六、碳氢化合物与二次派生污染物

碳氢化合物也称烃类，露天矿大气中的烃类主要来源于汽车废气。它的种类繁多，其中多环芳烃类（包括 3,4-苯并芘）是众所周知的致癌物质。碳氢化合物与氮氧化合物一起，又是构成二次污染物的最重要因素。这两类化合物随汽车废气排出后，受到阳光中紫外线照射，发生光化学反应，生成臭氧、过氧酰基硝酸酯（PAN）、醛类和二氧化氮等多种化合物。这些物质除二氧化氮外都是经光化学反应而派生出来的二次污染物，具有很强的氧化能力，统称为光化学氧化剂。当光化学氧化剂超过一定浓度时，即具有明显刺激性，能刺激眼结膜，引起流泪，使人得红眼病。同时，对鼻、咽、喉、气管及肺部均有刺激作用，能引起人体肺功能的改变。

光化学氧化剂各成分在测定时通常换算成[O_3]加以表示。[O_3]浓度与人体反应如表 7-8 所示。经研究证明，光化学烟雾中刺激眼睛的物质主要是甲醛和丙烯醛，甲醛（CH_2O）是一种无色气体，具有强烈刺激性气味，易溶于水，能刺激眼球使其流泪；丙烯醛（C_3H_4O）是一种黄色的有刺激性的液体，具有很强的毒性。

表 7-8 [O_3]浓度与人体反应

[O_3]浓度/ppm	人体反应
0.02 ~ 0.05	可闻到臭味
0.1	一天接触数小时可出现眼刺激症状
0.25	能明显感知
1	可使眼睛发红、疼痛、睁眼困难，并伴有头痛、头昏等症

第三节　有关环境保护的规定及指标

《大气环境质量标准》(GB 3095—82) 中将空气质量分为以下三级：

一级标准：为保护自然生态和人群健康，在长期接触情况下，不发生任何危害影响的空气质量要求。

二级标准：为保护人群健康和城市、乡村的动、植物，在长期和短期接触情况下，不发生伤害的空气质量要求。

三级标准：为保护人群不发生急、慢性中毒和城市一般动、植物 (敏感者除外) 正常生长的空气质量要求。

主要空气污染物三级标准浓度限值如表 7-9 所示。

表 7-9　空气污染物浓度限值

污染物名称	浓度限值/（mg/m^3）			
	取值时间	一级标准	二级标准	三级标准
总悬浮微粒	日平均	0.15	0.30	0.50
	任何一次	0.30	1.00	1.50
飘尘	日平均	0.05	0.15	0.25
	任何一次	0.15	0.50	0.70
二氧化硫	年每日平均	0.02	0.06	0.10
	日平均	0.05	0.15	0.25
	任何一次	0.15	0.50	0.70
氮氧化物	日平均	0.05	0.10	0.15
	任何一次	0.10	0.15	0.30
一氧化碳	日平均	4.00	4.00	6.00
	任何一次	10.00	10.00	20.00
光化学氧化剂（O_3）	1 小时平均	0.12	0.16	0.20

注：总悬浮微粒，系指 100 μm 以下微粒；飘尘，系指 10 μm 以下的微粒；光化学氧化剂在测定时通常换算成（O_3）加以表示，1 h 平均值每月不得超过 1 次。

大气环境质量的第三级标准是必须达到的标准。

我国露天矿区空气中有害物质的最高允许浓度尚未制定标准，表

7-10 为工厂车间空气中有害物质的最高允许浓度，可供参考。

表 7-10　车间空气中有害物质最高允许浓度

物质名称	最高允许浓度/（mg/m^3）	物质名称	最高允许浓度/（mg/m^3）
一氧化碳	30	含 10%以上游离 SiO_2 粉尘	2
二氧化硫	15	石棉粉尘及含有 10%以上石棉的粉尘	2
甲醛	3	含 10%以下游离 SiO_2 的滑石粉尘	4
丙烯醛	0.3	含 10%以下游离 SiO_2 的水泥粉尘	6
氮氧化物（换成 NO_2）	5	含 10%以下游离 SiO_2 的粉尘	10

注：① 一氧化碳的最高容许浓度如接触时间较短时，可予以放宽：小于 1 h 容许浓度 50 mg/m^3，小于 0.5 h 容许浓度 100 mg/m^3；15～20 min 容许浓度 200 mg/m^3。在上述条件下反复接触时，两次接触的间隔时间需在 2 h 以上。
② 含有 80%以上游离二氧化硅的生产性粉尘，应小于 1 mg/m^3。

居住区大气中有害物质最高容许浓度如表 7-11 所示。

表 7-11　居住区大气中有害物质最高允许浓度

物质名称	允许浓度/（mg/m^3）		物质名称	允许浓度/（mg/m^3）	
	一次	日平均		一次	日平均
一氧化碳	3		氧化氮（换成 NO_2）	0.15	
二氧化硫	0.5	1	煤烟	0.15	0.15
甲醛	0.05	0.15	飘尘	0.50	0.15
硫化氢	0.01		灰尘自然沉降	3～5 t/（km^2·月）	

注：灰尘自然沉降量系在当地清洁区基础上允许增加的数值。

我国没有制订露天矿山水质标准，但在《工业企业设计卫生标准》中，将地面水水质卫生标准分列为“地面水水质卫生要求”和“地面水中有害物质最高允许浓度”两个部分，可供参考，如表 7-12、表 7-13 所示。

表 7-12　地面水水质卫生要求

指标	卫生要求
悬浮物质	含有大量悬浮物质的工业废水，不得直接排入地面水
色、嗅、味	不得呈现工业废水和生活污水特有的颜色、异臭或异味

续表

指标	卫生要求
漂浮物质	水面上不得出现较明显的油膜和浮沫
pH	6.5～8.5
生化需氧量（5 日、20°）	不超过 3～4 mg/L
溶解氧	不低于 4 mg/L（东北地区渔业水体应不低于 5 mg/L）
病原体	含病原体的废水，必须彻底消灭病原体后方能排入地面水

表 7-13　地面水中主要有害物质的最高允许浓度

物质名称	最高允许浓度/（mg/L）	物质名称	最高允许浓度/（mg/L）
乙醛	0.05	铍	0.000 2
三硝基甲苯	0.5	铜	0.1
石油（包括煤油汽油）	0.3	锌	1.0
甲醛	0.5	硫化物	不得检出（按地面水溶解氧计算）
丙烯醛	0.1	氰化物	0.05
汞	0.001	锑	0.05
苯	2.5	镍	0.5
氟化物	1.0	镉	0.01
挥发酚类	0.01	氯苯	0.02
砷	0.04	硝基氯苯	0.05
钼	0.5	二硝基苯	0.5
铅	0.1	铬三价	0.5
		铬六价	0.05
钴	1.0	硒	0.01

第四节　露天矿大气污染防治

为了使露天矿的大气污染减少到最低限度，可采取以下措施：

一、控制污染源

控制污染源，减少排入大气中的污染物质，是防治露天矿大气污染的最主要和最有效的措施。

1. 防尘和除尘

采用湿式凿岩，在钻机、破碎机和溜井口上安装捕尘装置捕尘等，都是行之有效的防尘和除尘措施。

合理布置炮孔，正确选择爆破参数；加强装药和填塞作业的管理工作，爆破前向爆区岩体注入高压水，向爆区洒水，用塑料水袋和炮泥混合充填炮孔，以及利用喷雾风机等，可以降低爆破工作产生的尘量，并吸收部分有毒气体。

向爆堆注水或喷水，矿岩含湿量增大一倍，可使铲装工作面的粉尘浓度减少到原来的1/10。

把排土场布置在远离采场和居民区的下风向，对排土场进行土地恢复；在排土场表面喷洒化学稳定剂（如共聚物乳胶等），既可稳定排土场的土岩，又可防止刮风引起粉尘飞扬，还可防止排土场水土流失，污染环境。

在公路路面和扬尘量大的工作面洒水捕尘；向路面喷洒盐水，可使路面空气中的含尘量降低2/2。当气温为−20 °C时，1 kg水中加300 g食盐，不仅可以控制粉尘飞扬，也可防止路面结冰，有利于行车安全。

国外露天矿的公路路面降尘，有采用喷洒造纸工业废液（亚硫酸酒糟液）、氯化钙、化学黏尘剂和涂沥青等。近年来，采用石油树脂冷水乳液，作为路面黏尘液收到良好效果。

2. 控制有害气体的产生

在柴油机上安装废气净化装置以净化废气，采用产毒气量少的分隔燃烧室柴油机，对于产毒气量大的直喷式柴油机，采取配用低压增压器，推迟喷油定时和提高喷油速度等措施，可以降低氮氧化物50%左右，一氧化碳17%，碳氢化合物26%。

严防火灾、易燃矿物的自然及瓦斯喷发。

二、其他防护措施

（1）在采场周围、排土场、工业场地和居民区进化绿化，可以防止和减少粉尘飞扬，降低大气中的有害污染物。

（2）在各种机械设备的司机室中，安设空气洗涤器以净化空气，保护司机的身体健康。

（3）必要时，采场作业人员配用防尘防毒口罩。

（4）露天矿通风和大气监测。

第五节　露天矿噪声污染防治

一、噪声的基本概念

1. 噪声及其分类

从物理学观点讲，各种不同的频率与声强杂乱无序组合的声音，称为噪声。从生理学和心理学观点讲，凡是对人体有危害、使人厌烦、不需要的声音，均称为噪声。

露天矿的噪声，依其起源主要有空气动力性噪声、机械性噪声和电磁性噪声等。

空气动力性噪声是由气体振动产生的，例如通风机、空气压缩机等所产生的噪声。

机械性噪声是由固体振动产生的，例如钻机、挖掘机所产生的噪声。

电磁性噪声是由电磁场的相互作用产生的，例如发动机、电动机和变压器等所产生的噪声。

噪声是声波的一种，具有声波的一切特性。

2. 噪声的量度单位

（1）分贝：声级是噪声的物理单位，用分贝（dB）表示。某噪声的分贝数等于该噪声声压与基准声压（2×10^{-5} N/m^2）的比值取常用对数再乘以 20。

噪声级的单位为分贝，其数学表达式为

$$L_p = 20\lg\frac{P}{P_0} \tag{7-1}$$

式中　L_p——声压级（dB）；

P——声压（N/m^2）；

P_0——基准声压，$P_0=2\times10^{-5}\ N/m^2$；

（2）A 声级：过去采用声级与声音频率综合分析噪声，声级表征声音的大小，频率表征声音的高低。可听声音的频率范围为 20 ~ 20 000 Hz。声级随频率变化的图形叫频谱，可用它判断声音的特性。近年来又采用 A 声级 dB（A）、B 声级 dB（B）和 C 声级 dB（C）表示噪声的强度，A 声级对高频敏感，对低频不敏感，比较接近人耳对声音的感受，所以目前多用 A 声级作为评价环境噪声和工业噪声的主要依据。

3. 噪声的频谱

噪声具有不同的频率。频率低，声音低沉，频率高，声音尖锐。人耳可闻声音的频率范围，在 20 ~ 2 000 Hz。把一个宽广的声频范围划分为几个频段，称为频带或频程。在工业噪声测量中，最常用的是倍频程和 1/3 倍频程。声压级随频率变化的图形，称为频谱。

以频率为横坐标，声压级为纵坐标，绘制出噪声测量图形，可以清楚地了解噪声的特性，称为频谱分析。频谱分析可以为噪声控制提供依据。

二、声　源

露天矿的噪声，主要来源于穿孔、采装、运输、推土、压气等设备的运转及爆破作业。

我国露天矿部分设备的噪声级如表 7-14 至表 7-17 所示。

表 7-14　露天矿设备的噪声级

设备种类	设备型号	噪声级/dB		备注
		A	C	
穿孔设备	金 80A 潜孔钻机	82	97	司机室门窗打开
	YQ-150 潜孔钻机	96	106	司机室门窗打开
	01-30o 凿岩机	103	104	操作人员耳处
采装设备	W-1002 挖掘机	98	104	装矿
	W-4 挖掘机	95	98	装矿

续表

设备种类	设备型号	噪声级/dB		噪声级/dB
		A	C	
运输设备	上海牌 SH-380 型 32 t 汽车	88	100	各挡运行平均值
	意大利 T-20 汽车	94	98	各挡运行平均值
	法国贝利埃 GLM10 汽车	95	105	各挡运行平均值
推土设备	红旗 100DYZ-100 型推土机	91	106	各种作业平均值
压气设备	国产 LG25 22/7 空压机	91	97	

表 7-15　穿孔设备的噪声级

设备名称	司机室内噪声级/dB		备注
	A	C	
国产 73 型 Φ200 潜孔钻机	75	93	司机室门窗开
国产 YQ-160 回转式钻机	91	97	司机室门窗开
东方红潜孔钻改 Φ200 回转钻机	93	98	司机室门窗开
国产 BC-1 型穿孔机改潜孔钻机	96	102	司机室门窗开
美国 45-R 牙轮钻机	84	90	司机室门窗开
美国 60-R 牙轮钻机	85	99	司机室门窗开
国产 01-30 凿岩机	105	105	操作人员耳处
国产 7655 凿岩机	107	109	操作人员耳处
国产 YT-25 凿岩机	107	109	

表 7-16　采装设备噪声级

设备名称	司机室内噪声级/dB（门窗开）		备注
	A	C	
国产 WD1200（10 m^3）挖掘机	84	93	装矿
国产 D-4（4 m^3）挖掘机	94		装矿
国产 W-4（4 m^3）挖掘机	95	98	装矿
国产 1002（1 m^3）挖掘机	98	104	装矿
美国 1.95B（7.6 m^3）挖掘机	90	95	装矿

表 7-17　运输、推土及碰运气设备的噪声级

设备名称	司机室内噪声级/dB（门窗开）		备注
	A	C	
上海牌 SH-308 型（32 t）自卸汽车	88	100	平均值
韶峰 SF-3100 型电动轮自卸汽车	93	105	平均值
意大利 T20 自卸汽车	94	98	平均值
法国贝利埃 GLM（10 m^3）自卸汽车	95	105	平均值
美国 120C（120 t）自卸汽车	85	105	平均值
捷克太脱拉 T-138 型（12 t）自卸汽车	87		平均值
国产红旗 100DYZ-100 型推土机	91	106	平均值
日本 D150A-1 型推土机	100	112	平均值
国产 LG25-22/7 型空压机	91	97	平均值
日本 TANABE 型空压机	90	94	平均值

三、噪声的危害及工业噪声标准

1. 噪声的危害

（1）对听觉的损害：人接触声 85 dB（A）40 年，90 dB（A）10 年，95 dB（A）5 年以上或 100 dB（A）不到 5 年，出现噪声性耳聋的危险率均在 10%以上。突然听到 140 dB 以上的声音，会使鼓膜破裂，造成急性创伤。

（2）对人体健康的影响：噪声作用于人的神经系统，会引起头痛、头晕、失眠多梦、记忆力减退；作用于中枢神经系统，会引起肠胃功能阻滞、消化液分泌异常、消化不良、食欲不振等；作用于心血管系统，可使交感神经紧张，引起心动过速、心律失常、心脏和血管阻力发生变化、血压发生波动等现象。

（3）对工作和生活的影响：妨碍睡眠，干扰谈话，使人烦躁难受，精力不能集中，以致工作效率降低，差错率增高。噪声还能遮蔽危险征兆，干扰声音讯号，造成安全事故。

2. 工业噪声标准

为了限制噪声，避免噪声危害，许多国家都制定了工业噪声标准。

各国的工业噪声标准如表 7-18 所示。

表 7-18　各国工业噪声标准

国名	8 h 接触		暴躁时间减半允许增加值/dB（A）	备注
	允许值/dB（A）	极限值/dB（A）		
ISO（国际标准化组织）	85～90	115	3	
中国	85	115	3	老企业暂定 90 dB（A），向 85 dB（A）过渡
美国	90	115	5	
日本	90			不足 8 h 按频带给出不同时间的不同值
英国	90		3	
法国	90		3	
丹麦	90	115	3	
瑞典	85	115	3	

四、噪声的防治

（1）降低声源噪声：降低声源噪声是控制噪声的根本措施。它包括改进设备结构，采用先进工艺和提高加工精度等。

（2）控制噪声传播：控制噪声传播的措施有隔声、吸声、消声、减振阻尼等。对于露天矿设备采取隔声为好。例如，关闭司机室门窗，可明显降低司机室内噪声，减少对操作人员的危害。司机室门窗开、关时的噪声对比如表 7-19 所示。

表 7-19　司机室门窗关、开时噪声对比

设备名称	司机室噪声级/dB（A）		隔声值/dB（A）
	门窗开	门窗关	
国产 73 型 Φ200 潜孔钻机	75	70	5
国产 WD1200（10 m^3）挖掘机	83	78	5
美国 60-R 牙轮钻机	85	78	7
国产 W-4（4 m^3）挖掘机	95	88	7

续表

设备名称	司机室噪声级/dB（A）		隔声值/dB（A）
	门窗开	门窗关	
美国 195B（7.6 m^3）挖掘机	90	83	7
国产韶峰 SF-3100（100 t）电动轮自卸汽车	93	83	10
美国 120C 型（120 t）自卸汽车	95	85	10

如果将普通门窗改成用隔声材料制成的隔声门窗，效果更好。另外，将声源（例如机组）用隔声材料制成的隔声板或隔声罩封闭，也是减少声能向外传播非常有效的措施。露天矿声源隔声效果如表 7-20 所示。

表 7-20　司机室门窗关、开时噪声对比

	机组噪声级/dB（A）	机组封闭后的噪声级/dB（A）	隔声值/dB（A）	司机室门窗敞开时的噪声级/dB（A）
国产 WD1200（10 m^3）挖掘机	105	85	20	83
国产 W1002（1 m^2）挖掘机	104	机组未封闭		38

一些常用材料的隔声值如表 7-21 所示。

表 7-21　常用材料的隔声值

材料	厚度/mm	各频带（Hz）隔声值/dB（A）						平均隔声值/dB（A）
		125	250	500	1 000	2 000	4 000	
砖墙	1	40	45	40	53	54	54	48
铝板	3	14	19	25	31	36	29	26
	8	19	25	30	36	30	32	28
玻璃	6	20	24	29	33	25	30	27
	9	20	26	30	30	32	39	30
钢板	3	22	28	34	40	45	32	32
	6	28	34	40	45	37	42	38
木板	9	12	17	22	25	26	20	21

（3）个体防护措施：当对某些声源采取上述措施后，噪声仍未降至

规定标准以下，很难采取控制措施时，操作人员可实行轮换工作制，以减少与噪声的接触时间；或佩带耳罩、耳塞等护耳器，以降低噪声对人耳的作用。不同护卫器所提供的听力保护如表 7-22 所示。

表 7-22　护耳器隔声值

护卫器	各频带（Hz）的隔声值/dB（A）						
	125	250	500	1 000	2 000	4 000	8 000
耳塞	25±3	24±4	26±4	28±4	36±3	36±5	39±7
耳罩	12±2	21±2	29±3	40±4	40±4	41±5	38±4
耳塞加耳罩	33±4	42±5	46±7	41±5	52±5	56±5	45±5

五、矿山废水的分类及危害

矿床中硫化矿物的含量、赋存条件、开采方式、水文地质条件、气候和降雨量等因素的不同，各矿山废水中的硫酸根和 pH 亦有所差异。我国矿山酸性矿水的 pH 一般为 2 ~ 4。

硫化矿物在溶解过程中产生的这种酸性矿水，进一步与其他矿物发生作用，产生出某些具有污染性的物质溶析于水中，从而使酸性矿水一般含有多种有害物质，主要是重金属、氟、砷，有时还含有放射性元素等。在我国，酸性矿水是污染露天矿水的主要污染源。

碱性矿水来源于碱性矿物，含有碱性物质，如钾、钠、钙、镁等，有时还含有放射性元素，其 pH 在 7 以上。

放射性矿水来源于放射性矿物。矿水中的放射性元素，主要是天然铀和镭。它们既可存在于酸性矿水中，也可存在于碱性矿水中。

铀在酸性矿水中，主要以化合物存在；在碱性矿水中，主要以碳酸铀酰络化物存在。我国矿水中铀的浓度，在酸性水中较高，每升可达数十毫克；在碱性矿水中较低，每升一般不超过 10 mg。

矿水中的镭，以 Ra^{2+}形式存在的危险性最大，因为它可以通过饮水或食物链进入人体，沉积于骨骼中，成为人体内长期的内照射源。我国矿水中镭的浓度，一般为 10^{-12} ~ 10^{-10} Ci/L。含有放射性的矿水严禁饮用。

矿山废水分类见表 7-23。矿山废水中所含的主要有害物质及其危害如表 7-24 所示。

表 7-23 矿山废水分类

名称	特征	来源
酸性水	pH 一般为 2～4，主要含铁、钙、镁、铜、铅、锌、汞、镉、氟、砷	含硫化矿的矿山
中性水	pH=7	石灰石矿山
碱性水	pH＞7，一般含钾、钠、钙、镁、氯	含盐碱性矿物的矿山
放射性矿水	主要含铀和镭，在酸性水中是硫酸酰络合物，酸度高时，铀的含量也高。碱性水中是碳酸铀酰络合物，铀含量较低，一般小于 10 mg/L，镭主要是 Ra^{2+}，一般为 10^{-12}～10^{-10} Ci/L	主要来源于铀、钍矿山

表 7-24 矿山废水的主要有害物质及危害

有害物质	主要来源	主要危害
固定悬浮物	难溶于水的颗粒物及泥沙	水质浑浊；鱼类窒息死亡；悬浮物沉淀淤塞水道、河床
酸各碱	含硫化矿物及碱性矿物的矿山	污染水源，影响生活及工业用水，毒害鱼类；污染土壤，使土质钙化，板结；腐蚀机械设备、水上运输设备及水工构筑物
砷	含砷矿物的有色金属和多金属矿山	剧毒及致癌
铜、铅、锌、汞、镉	有色金属和多金属矿山	使农作物减产或无收成；毒害水生生物；汞镉引起水俣病及骨痛
放射性元素	铀、钍矿山及含有放射性矿物的矿山	剧毒及致癌物质。通过食物链进入人体积聚于骨骼，成为长期内照射源
氟	金属及非金属矿山	引起骨质钙化和骨质疏松
病原微生物	生活废水特别是医院废水	人体疾病源

六、水体污染的监测

1. 监测项目

露天矿水体主要监测项目及内容如表 7-25 所示。

表 7-25 露天矿水体主要监测项目及内容

项目名称	主要内容
物理性质	浑浊度、颜色、温度、嗅味、水量及流速
化学性质	酸碱度、溶解的氮、磷、氧和有害重金属；含毒成分
水生生物状况	水生动物、植物及微生物菌群落的生长状况

2. 监测技术

监测网的布置及监测内容如表 7-26 所示。

表 7-26 监测网的布置及监测内容

监测项目	布点原则	监测内容
污染源	废水排放口及集流池	来源、分布、成分及变化规律
被污染水体	废水与天然水体均匀混合处	天然水体被污染的程度
污染对照点	可能被污染水体的上游	对比天然水体被污染的程度
自净监测点	被污染的天然水体中	天然水体自净能力及恢复能力

取样及取样周期：对于深水，宜在水体纵剖面上按上、中、下分层取样分析，取加权平均值。我国目前尚未统一规定取样周期。加拿大制订的矿山废水取样周期与有害物质含量关系如表 7-27 所示。

表 7-27 矿山废水取样周期与有害物质含量的关系

有害物质	每周至少一次	每两周至少一次	每月至少一次
砷	0.5	0.2	0.10
铜	0.3	0.1	0.15
铅	0.2	0.1	0.05
镍	0.5	0.2	0.10
锌	0.5	0.2	0.10
固体悬浮物	25.0	20.0	15.0
镭 $_{226}$	10.0	5.0	2.5
pH 值（最低）	6.0	5.5	5.0

注：除镭 $_{226}$ 为 pCi/L 外，其他单位均为 mg/L。

采集水样的容器和保存方法如表 7-28 所示。

表 7-28　采集水样的容器和保存方法

项目	采样容量	保存方法
悬浮物质	玻璃瓶或聚乙烯瓶	4 °C 保存
色、嗅、味	玻璃瓶	4 °C 保存，24 h 内测定
pH	玻璃瓶或聚乙烯瓶	最好现场测定，必要时 4 °C 保存，6 h 内测定
生化需氧量	玻璃瓶	4 °C 保存，6 h 内测定
溶解氧	玻璃瓶	现场固定，4 ~ 8 h 内测定
乙醛、甲醛	玻璃瓶	加硫酸保存，24 h 内测定
六六六、滴滴涕	玻璃瓶	
石油	广口玻璃瓶，用前以溶剂洗净，并于空气中干燥	加硫酸至 pH<2，于 4 °C 保存
硫磷	玻璃瓶	24 h 内测定
汞	玻璃瓶或聚乙烯瓶	加硝酸至 pH<2
金属：钒、铅、钴、铍、铜、锌、镍、镉	玻璃瓶或聚乙烯瓶	加硝酸至 pH<2
氟化物	聚乙烯瓶	4 °C 保存
活性氯	玻璃瓶	现场测定
挥发酚类	玻璃瓶	现场固定，4 °C 保存，24 h 内测定
硒	玻璃瓶或聚乙烯瓶	加硝酸至 pH<2
铬	内壁无磨损的玻璃瓶	加硝酸至 pH<2
硫化物	玻璃瓶或聚乙烯瓶	现场固定，24 h 内测定
氰化物	玻璃瓶或聚乙烯瓶	现场固定，4 °C 保存，24 h 内测定

分析方法：我国矿山水质分析方法目前尚无统一规定，可根据可靠与实用原则自行选择某种分析方法。

七、矿山废水管理标准

我国目前尚无矿山废水管理标准，对于水质要求可参考《工业企业设计卫生标准》对地面水水质的卫生要求。其 pH 为 6.5 ~ 8.5，生化需氧量（5 日，20 °C）不超过 3 ~ 4 mg/L，溶解氧不低于 4 mg/L。此外，对水中悬浮物质，水的色、嗅味、消遣漂浮物质、病原体、有毒物质等也做了规定。水中放射性物质的限度，我国露天矿山也没有明确规定。表 7-29、7-30 分别为加拿大矿山废水管理标准和美国环保局关于铀矿山与水冶厂的废水管理标准，可供参考。

表 7-29 加拿大矿山废水管理标准

有害成分	平均最大浓度	一个组合试样最大浓度	随机试样最大浓度
砷	0.5	0.75	1.0
铜	0.3	0.45	0.6
铅	0.5	0.30	0.4
镍	0.5	0.75	1.0
锌	0.5	0.75	1.0
固体悬浮物	25.0	37.5	50.0
镭 $_{226}$	10.0	20.0	30.0
pH 值（最低）	6.0	5.5	5.0

注：计量单位镭 $_{226}$ 为 pCi/L，按溶解量计；其他单位均为 mg/L。

表 7-30 美国铀矿山和水冶厂的废水管理标准

项目	排放标准			
	矿山		水冶厂	
	日最大值	30 天平均值	日最大值	30 天平均值
固体悬浮物	30	20	30	20
化学需氧量	200	100	—	500
砷	—	—	1.0	0.5
锌	1.0	0.5	1.0	0.5
镭 $_{226}$（溶解）	10	3	10	3
镭 $_{226}$（总）	30	10	30	10
铀	4	2	—	—
氨	—	—	—	100
pH		6.0 ~ 9.0		6.0 ~ 9.0

注：除镭 $_{226}$ 的计量单位为 pCi/L 外，其他物质的计算单位为 ppm；
作为饮用水标准，$^{226}Ra+^{228}Ra$ 的极限浓度为 5 pCi/L。

八、水体污染的防治

为了使露天矿的水体污染降到最低限度，应在矿山设计、基建和生产的同时，采取以下主要综合防治措施：

1. 控制污染源

（1）将排土场设置在不透水的基底上，并有汇集废水的良好设施，严防排土场的废水流失污染环境。

（2）对采空区和排土场进行土地恢复，以防止废水的产生。

（3）矿山清水和废水单独汇集，分开排放，以减少废水量。

2. 综合利用

（1）从矿山废水中回收有价值金属（如铜、镍等）、矿物（如石墨、重晶石、石棉等）和硫酸（当其含量大于5%时）等。

（2）利用富含氮、磷、钾养料的矿山废水进行灌溉。

（3）利用矿山废水作为选矿用水。

3. 废水处理

为了减少矿山废水的危害，应对矿山废水进行处理，并尽可能回收其中的有用物质。

矿山废水的处理方法很多，应根据具体矿山废水的特性，按技术上可行、经济上合理的原则进行选用。

（1）重力沉降法。

该方法将废水通过天然水池或人工沉淀池，利用重力沉降作用，使固液分离。此法常与其他处理方法配合使用，作为其他处理法处理前的预处理阶段。

（2）中和法。

利用化学中和剂中和酸性或碱性矿水，并通过调整 pH 以沉淀出重金属。通常做法是在有条件的矿山，使酸性矿水与碱性矿水中和。

① 利用碱性中和剂中和酸性矿水。常用的碱性中和剂有石灰和石灰石等。

② 利用酸性中和剂中和碱性矿水。常用的酸性中和剂有石膏和黄铁矿等。

化学中和法工艺简单、效果好，处理费用比其他任何方法都低，是目前国内外矿山最常用的方法。其缺点是沉渣量大，而且脱水困难，若处理不当，有可能产生二次污染。采用沉渣多段循环中和法，可显著减少沉渣量。

（3）反渗透法。

该方法将废水通过一种半渗膜渗滤出盐类并进行浓缩和分离出清水。目前其处理费还太高，但随着半渗膜技术的发展，很有潜在的工业用途。

（4）离子交换法。

该方法是利用离子交换剂，选择性地交换出矿水中的离子化物质。此法适用于净化含有重金属、有机基团和放射性的矿水。目前常用的离子交换剂主要是离子交换树脂。

（5）电渗析法。

电渗析法是在离子交换技术基础上发展起来的一种新技术。它是在外加直流电场作用下，利用阴、阳离子交换膜对水中离子的选择性透过，使一部分溶液中的离子迁移到另一部分溶液中去，以达到浓缩、纯化、合成和分离的目的。此法适用于从废水中回收重金属和浓缩低浓度的放射性废水等。

（6）重晶石和氯化钡沉淀法。

这是目前国内外处理含镭矿水最常用的两种方法，其机理本质上相同，即当氯化钡溶解于矿水中时，钡离子与水中的硫酸根离子反应产生硫酸钡，并与镭作用生成硫酸钡镭沉淀出，其化学反应过程如下：

$$BaCl_2 \rightleftarrows Ba^{2+} + 2Cl^-$$

$$Ba^{2+} + SO_4^{2-} \rightarrow BaSO_4$$

$$(BaSO_4)_n + Ba^{2+} \rightarrow [(BaSO_4)_{n-1}SO_4^{2-}]Ba^{2+} + Ba^{2+}$$

对于含有害重金属和硫酸根多的酸性含镭矿水，宜采用氯化钡并配合石灰中和法。对于含有害重金属种类较少的碱性含镭矿水，宜采用重晶石法。

经过处理的矿山废水，应符合我国《工业企业设计卫生标准》（TJ 36—79）的规定才允许向外排放。为此，宜建立矿山废水的监测系统，以便为矿山废水管理提供可靠的信息。

应该指出，除水污染的防治问题之外，在露天矿开采过程中，尤其大型凹陷露天矿的开采，还往往会切断地下水的通路而影响工农业及生活用水。这就需要在露天矿建设之前，详细调查未来露天矿场所穿过的岩层及水文地质情况，以便采取措施，保护水源。

第八章　露天矿的土地恢复与治理

露天采矿不可避免地要占用和破坏部分耕地、农田、草原或森林，影响环境及生态平衡。但是，可以通过工程措施，使占用的土地得到恢复，重新用于农、林、牧、副、渔业，旅游业、工业及民用场地，这就是露天矿山的土地恢复与利用，简称土地恢复或称矿山土地复垦。

第一节　矿山土地复垦

一、露天矿土地恢复的重要性

露天开采存在的主要问题之一是比地下开采占用更多的土地，其中由于矿床的自然条件赋存和开采技术所限，难免要占用一些农田。露天开采所占用的土地，包括采矿场、排土场以及暂时受技术条件限制，较长时间不能开展选矿的有用金属矿物的堆矿场或多种金属矿尾堆场。其中，以采矿场和排土场占地最多，而金属矿山，特别是有色、稀有金属矿采选占用土地最多，并污染环境、破坏生态平衡。露天开采占用土地的问题日益严重，从而迫使某些本来适应露天开采的资源不得不改为地下开采。

我国地少人多，随着经济的发展，解决这种占地矛盾被迫提到日程。例如我国公布的《水土保持工作条例》就是为了保持水土、保护生态平衡、保护农业生产，这个文件是露天矿土地恢复的法律依据。国内外露天开采的实践表明，进行土地恢复是解决露天矿占地矛盾，防止水土流失、泥石流和滑坡的根本途径。

土地恢复，就是将露天占用的土地，用人为的方法，恢复成为可供重新利用的土地，以达到保护土地、防止污染和美化环境的目的。

二、优化开采方案，合理占用土地

（1）减小排土场占地：排土场占地一般为露天矿总占地的50%以上。因此，要合理选择外排土场和尾矿场的堆积方式，提高排弃高度。尽可能将排土场和尾矿场结合在一起。有条件时采掘与排弃工艺应综合考虑，实行内排。

（2）实行分区开采：在露天矿田范围内，尽可能考虑分区开采，为恢复土地提供有利条件。例如，在开采顺序合理的前提下，可先开采表土或没有表土的采区。下一个采区剥离的表土，排至前采区的外部排土场的表层，进行土地复用。当沿倾斜方向推进时，表土和岩石的剥离可同时进行，以便随时有表土可供选用。

（3）把土地复用纳入开采工艺：将采矿、运输及排土工艺综合考虑，形成统一的采矿—运输—排土—土地复用工艺过程。这样，既能保证整个露天矿生产工艺的合理，又兼顾了土地复用工程，降低了土地复用的费用，经济上更为合理。

三、土地复垦的分类

就地点而言，土地复垦大致可分为以下几种：

（1）采场采空区的复用：当矿床呈缓倾斜或水平状态，或埋藏较浅时，可进行内排复用。

（2）外排土场的土地复用：剥离物排至最终标高后，利用推土机或其他机械设备，将其推平整型，形成规则的大片土地。

（3）尾矿池的土地复用：尾矿池使用终了后，经自然或人工处理后提供用地。

（4）沟谷、凸凹不平地带及瘠薄荒地的利用：矿区的深沟大坑，植被稀疏又无使用价值时，可利用剥离排弃物进行人工造地。

就重新利用的方式而言，土地复用大致有以下几种：

（1）提供农业耕地：造地要考虑农业耕种的可能性。河南义马北露天煤矿，河南小关铝土矿复田的农作物产量，当年虽较低，2～3年后，便恢复到原来农田的产量。云南可保露天煤矿排土场复耕地的产量还高于当地农田产量。

（2）提供牧业草地：如内蒙古伊敏河和霍林河露天煤矿，地处呼伦贝尔和科尔沁大草原，很适于利用恢复的土地发展牧业。

（3）提供林业用地：在土壤、气候适宜，而农业用地又不甚紧张的矿区，可结合矿区环境保护的需要，栽植树木。树木的种类最好是易活、速生的成材木或果树，以便及早取得一定的经济效益。

（4）提供水库、池塘、人工湖用地：结合农田水利规划，剥离物可用做修筑水库大坝，也可在沟谷地带修筑池塘蓄水养鱼并提供工业或生活用水。黑龙江岭北露天煤矿，筑坝蓄水养鱼取得很好效果。有的矿山采场采掘终了后，可形成人工湖。

（5）提供建筑用地：土地恢复后，经过 2 ~ 3 年的自然均匀下沉，可供工业和民用建筑用地。岭北露天矿用剥离物填平地表大坑，提供了民用建筑用地。苏联黑色冶金企业在复用的土地中，有 9.1%作为建筑用地。

（6）提供风景区，疗养区用地：对废止的采场和排土场进行全面规划，建立风景区和疗养区，对于美化环境、造福后代具有深远的意义。

四、矿山土地复垦

1. 矿山土地复垦类型

（1）采空区土地复垦：开采埋藏较浅、呈缓倾斜或水平状赋存的矿体时，采空区的土地复垦可按排土顺序进行（如建材 601 砂矿），急倾斜、埋藏较深矿床开采后可用来堆存尾矿或剥离物排弃场或作为水库养水鱼池。

（2）剥离物排弃场土地复垦：种植水稻（潘洛铁矿）、麦子（筱关铝土矿）、大豆（张岭铁矿）；采用土石混排植树造林（龙山石灰石矿）；上部弃页岩、片岩之类风化岩，直接栽树造林（罗茨铁矿）。

2. 矿山土地复垦的基本要求

（1）根据地质条件、发展远景及当地情况，制定复垦规划，内容含利用土地方式、采矿复垦方式、加封岩石顺序。

（2）复土与修坡要保持与开采、排弃顺序相协调，尽可能用矿山采、装运设备。

（3）保持良好土质，原有土层预告剥离、储存。对有毒物生长的土壤酸碱度，农作物的 pH 以 4～8 为宜。

（4）铺垫表土要保证植物的种植深度，并进行必要的化学分析试验，搞清土壤的物理机械性质和农业化学性质。

3. 矿山土地复垦设计的主要基础资料

（1）土壤资料：较肥沃岩石、肥沃岩石、肥沃土及腐殖土。

（2）水源资料：地下水、地表水和其他供水资料。

（3）气象资料：气候、降雨量。

（4）植物资源资料：农作物、林树牧草等。

（5）土地使用资料：复垦区的地形、地貌及复垦土地的经济利用价值。

（6）区分土壤分布和厚度等信息的地形图、断面图。

（7）环境资源资料。

（8）农业调查资料及其他有关土地方面问题的要求和规定。

4. 土地复垦的基本步骤

（1）表土的采集、储存和复用：露天开采范围内的表土剥离堆放在选定的位置储存供以后复土用，或在其他地区有土壤资源的地方采集储存。

（2）按合理的顺序进行排弃、回填：上土下石，大块岩石在下，小块岩石在上，酸性岩石在下，中性岩石在上，不易风化岩石在下，易风化岩石在上，不肥沃岩石在下，肥沃岩石在上。

（3）场地整备：要有良好的稳定性，控制地面水，地表必须修坡。

（4）铺垫表土：表土应均匀铺垫，在农业调查的基础上，按照各地区的植物种植和翻土深度要求确定复土厚度。

5. 未来土地的使用方式

（1）农业复垦：将土地恢复供农业使用。

（2）林业复垦：恢复专用于营造人工林、用材林的土地。

（3）物业复垦：将土地恢复供种植牧草和植被绿化，恢复生态平衡。

（4）其他用途：可将采场改造成水库养鱼池或者尾矿池，以及恢复土地供建筑和其他生产用。

第二节　我国土地复用情况及实例

一、土地复用工程

露天矿山土地复用工程分为两个阶段。第一阶段为土地恢复，这阶段主要是大量剥离土岩的堆积填平工作，包括排土场的平整，边坡的修筑、排土沟挖掘、坑底的平整以及土壤 pH 的调整和改良等。第二阶段是土地的利用，主要进行耕种和经营管理，通过土地的复用取得经济效益，并保护环境。

通常矿山只承担第一阶段的工作，它包括以下三方面。

（1）排弃剥离土岩：剥离土岩的排弃工程除密切配合开采工程外，应结合工程地质和水文地质具体情况，采取有效措施，确保土地恢复后的稳定与安全。

当造地用于林、牧业时，应尽量将粒度小、硬度低、易风化的岩石和较肥沃的土壤铺在上层，以利作物生长。当用作建筑用地时，在排弃剥离土岩过程中，要放水冲砂，以减少下降量和达到均匀下沉的目的。当用作水库堤坝时，应尽量用表土或碎砂石堆筑，以防块多块大以及充填不实引起漏水，造成溃堤。岭北煤矿的三道坝、四道坝、五道坝，主要是用表土筑坝，多年使用效果良好。

（2）平整场地：剥离岩土排弃至设计标高后，需用工程机械将其推平、造型。为了防止边坡被雨水冲垮，应有向场内方向不大于 1%的坡度。平整后的场地，沉降稳定后即可安排使用。

（3）覆盖土壤：当用于农牧业时，为使作物更好地生长，需要覆盖一层耕植土。主要作物的耕作深度如表 8-1 所示。

表 8-1　主要作物耕作深度

作物品种	耕作深度/cm
水稻	15 ~ 24
小麦	18 ~ 24
玉米	24 ~ 30
甘薯	20 ~ 24
棉花	24 ~ 30

各种类型的土壤适于种植的作物如表 8-2 所示。

表 8-2　各种类型的土壤适于种植的作物

土壤类型	适宜作物
沙壤土	大麦、粟、花生、甘薯、萝卜
黏壤土	旱稻、玉米、茄子、番茄、大豆、甘蓝、小麦
壤土	棉花、小麦、甘薯、萝卜

二、我国土地复用现状及应用

目前，我国露天矿山的土地恢复与利用仍处于初级阶段。一般只限于农业、林业和池塘水库的土地复用。多数矿山是土、岩混排，表层不进行覆土，缺少熟化土和腐殖土。土地的复耕，只靠自然风化熟化，利用周期长。对土岩的物理性质和化学成分、作物对土岩的适应性等缺乏科学分析，pH 值得不到控制，而且对复用的土地不改良、不施肥、少灌溉、广种薄收。一般是雨水充足时多收，雨水不足时少收，但也有少数矿山在土地复用方面做出了成绩，取得了经验。在复用土地上种植的作物种类，一般为水稻、甘蔗、大豆、玉米、花生、油菜、水果以及各种蔬菜等。

1. 坂潭锡矿复垦情况

坂潭锡矿的土地恢复费用是采取预提方式从生产成本中开支。在征购土地的同时，就预提土地利用经费，一般每亩土地预提 1 000～1 500 元。土地复用成本的计算是从回填结束时算起，从平整尾沙池到复用所发生的费用。该矿土地复用费的开支情况如表 8-3 所示。

表 8-3　坂潭锡矿 1970—1974 年复田费用开支

项目		1970	1971	1972	1973	1974
征地费用	数量/亩	112	111	178	101	51
	费用/（元/亩）	388	392	352	383	377
	合计/元	43 456	43 512	62 656	38 582	19 227
提存复用费用/元		113 750	350 000	150 000	120 000	180 000
复田费用	支出/元	146 487	136 259	116 522	148 857	106 371
	复田数量/亩	55	71	61	37	58
	成本/（元/亩）	2 663	1 919	1 942	1 838	1 655

注：① 本表摘自《露天开采复田》；② 该年度有 2 万元费用为未完工程未计入成本。

2. 抚顺露天煤矿占地与复田

抚顺露天煤矿占地与复田及种植作物种类分别如表 8-4、表 8-5 所示。

表 8-4 抚顺露天煤矿占地与复田

露天坑或排土场	1980 年占地面积		复田面积/亩	复田率/%
	万 m^2	亩		
西露天坑	1 650.0	24 775	未造田	
东露天坑	244.8	3 676	1 200	32.7
西排土场	1 227.0	18 423		
东排土场	508.0	7 628	2 500	32.8
汪良排土场	212.0	3 183		
南排土场	287.5	4 257	1 800	42.3
合计	4 129.3	61 942	9 270	15.0

注：抚顺矿务局提供合计数。

表 8-5 种植作物种类

种植单位	种田/亩	造林/亩	果树/亩	合计/亩
露天矿五七农场	300	250	70	620
个体农民	1 500			1 500
职工及城镇居民	100			100
合计	1 900	250	70	2 200

3. 国内其他一些露天矿占地复垦的情况

（1）小关铝土矿。

该矿 1958—1970 年共征用土地 2 878 亩，其中 70%是采场和排土场用地。1964 年开始恢复土地，至 1977 年共恢复土地 720 亩，其中排土场土地恢复率已达 90%。

该矿土地恢复的程序分以下步骤：

① 土岩顺序排弃，下层一般是岩石，包括大块酸、碱性土岩，不易风化的土岩及贫瘠的土岩等。上层一般是表土，包括小块中性土岩，易风化土岩及肥沃的耕植土等。

② 排土场达到设计标高时，先将土岩推平压实，然后覆土。为避免雨水冲刷，向排土场内侧修筑不大于 1%的坡度。

③ 覆土层的厚度保证在 1.2 ~ 1.5 m，以防止漏水。并且注意大块岩石的搭配，以免覆土后可能渗漏使表土流失。其堆积层次如图 8-1 所示。

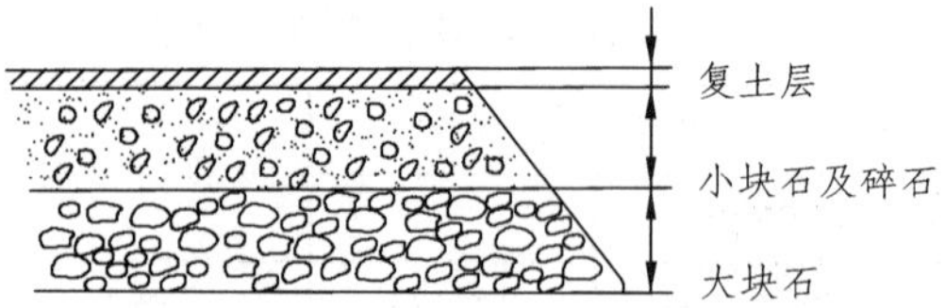

图 8-1　排土场堆积层次示意图

④ 排土场设置与农田水利相结合，在排土场上方修建蓄水库。堆置时，要考虑蓄水和保水性。用岩石碎屑铺成反滤层，并在排土场的表层及边坡设置防渗层，如图 8-2 所示。

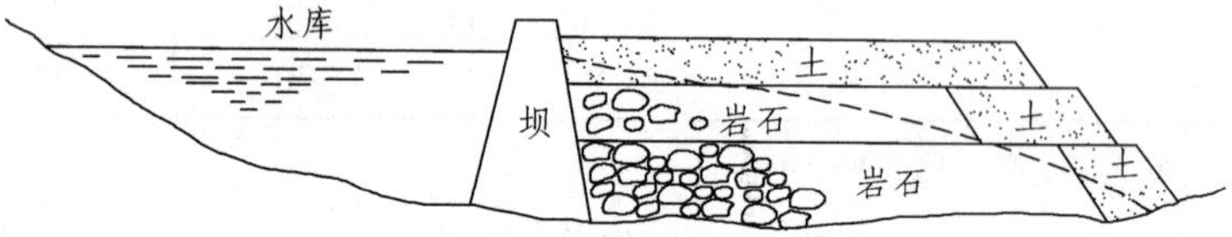

图 8-2　山谷排土场排弃示意图

（2）建材六〇一矿。

该矿自 1965—1967 年共占用、破坏土地 2 913.5 亩，已恢复土地 23 308 亩，恢复利用率高达 80%，长复周期为 2 ~ 3 年。已恢复耕种的农田，两年后可达开采前的产量，成为稳产高产田，恢复的质量及复用率都达到我国目前先进水平。复用的农田每隔 100 m 挖一条排灌水沟，纵向距离 60 ~ 70 m 为一梯级，高差 0.3 ~ 0.5 m，排灌方便，利于机械化。

（3）岭北露天煤矿。

岭北露天煤矿的恢复土地，主要是利用剥离物修筑水坝蓄水养鱼和填平坑洼地带建筑住宅。

① 筑坝蓄水养鱼：利用剥离物在沟谷中修筑大坝。排土场的三、四、五、六道坝已形成小型水库，提供了矿山工业用水，并且发展了养鱼。0.5 km^2 的水面，年产鱼达 25 000 kg。

② 人造平原：在临近排土场的坑洼地带，进行填方，造成平坦场地。填方过程中，同时放水冲砂，使充填密实，下沉均匀，下沉量约 300 ~ 500 mm。该矿填方约 15 万 m^3，1981 年建成 40 户平房家属宿舍。

（4）义马北露天煤矿。

该矿排土场的排弃物料为泥质砂岩、泥质页岩、红土、黄土和煤矸石。职工家属在排土场上种田造林；个体农民、城镇居民和矿山职工在排土场中种植粮食作物和蔬菜。

此外，我国部分矿山土地复垦概况及经济效果如表 8-6、表 8-7 所示。

表 8-6　我国部分矿山土地复垦概况

序号	矿山名称	矿山占地数量	复垦土地数量/亩	土地复垦率/%	复垦场所及方式	最小复土厚度/m
1	马兰铁矿	431（包括荒地 99 亩）	499.5	115.8	主要在滦河边、农业复垦	0.20～0.30
2	原掖县镁矿	2 376.5	327	13.8	剥离物排弃场农业复垦，沿海边修挡浪坝、挡河坝、筑坝，全长 2.5～3.0 km	0.30～0.40
3	潘洛铁矿	占荒山坡地	32		剥离物排弃场农业复垦，修建运动场 9 100 m^2、乐园 1 600 m^2、堆场 18 300 m^2	0.20
4	坂潭锡矿	2 735.5	1 681.5	61.5	采空区农业复垦	0.80（其中 0.20 为耕植土）
5	罗茨铁矿		约 3 600 m^2		剥离物排弃场林业复垦	砂板岩
6	龙山石灰石矿		约 0.1 km^2		剥离物排弃场林业复垦	黄土石灰石混排（1∶4）
7	常德金刚石矿	5 776	4 266	73.9	采空区农业复垦	0.80
8	筱关铝土矿	3 493	809.7	29.6	剥离物排弃场林业复垦	0.50～1.0
9	南芬铁矿		250		尾矿场农业复垦	0.25
10	张岭铁矿		约 20		剥离物排弃场林业复垦	0.20
11	东鞍山烧结厂		38		尾矿场农业复垦	试验（1981—1983 年）

表 8-7　一些厂矿复垦经济效果

矿山名称	作物种类	每亩产量/kg	复垦方式
马兰铁矿	花生	75 左右	尾矿池复垦
	小麦	250 左右	同上
掖县镁矿	小麦	200～250	废石场复垦
潘洛铁矿	水稻	500 左右	同上
坂潭锡矿	水稻	500	采空区复垦
常德金刚石矿	水稻	500	采空区复垦
	棉花	60（皮棉）	尾矿场复垦
筱关铝土矿	小麦	350～400	废石场复垦
	玉米	350～400	同上
弓长岭铁矿	大豆	150 左右	同上
南芬选矿厂	高粱、玉米	400 左右	尾矿场复垦
	蔬菜	4 000	同上
鞍钢烧结总厂	水稻	250	同上

第三节　绿　化

一、绿化的作用

绿化是对露天矿山环境保护采取的生物措施，可以减小由于矿山开发对环境的污染及对生态平衡的破坏。

绿化露天矿区，对净化空气、改良气候、减弱噪声均有明显的效果，同时还可以起到分隔厂区、美化环境、监测空气污染程度的作用。

1. 改善环境

（1）绿化在防止污染、保护和改善环境方面起着特殊的作用。

（2）绿化具有较好的调温、调湿、吸灰、吸尘、改善小气候、净化空气、减弱噪声等功能。绿化植物对矿山环境的保护作用如表 8-8 所示。

表 8-8　绿化植物对环境的保护作用

作用（有害气体名称）	简要说明（净化树种或作物）
吸收 CO_2 放出 O_2	1 公顷阔叶林在生长季节，一天可吸收 1 t CO_2，放出 0.73 t O_2
吸收 SO_2	1 公顷柳杉每年可吸收 720 kg SO_2，吸收 SO_2 能力较强的还有垂柳、悬铃木等
防尘	一般落叶阔叶树滞尘能力较强，可明显地减少矿区的降尘量和飘尘量
净化水质	据统计，径流通过 30～40 m 宽的林带，能使其中 NH_3 含量减低到原来的 1/1.5～1/2，细菌数量减少 1/2
减弱噪声	据介绍，4.4 m 宽枝叶浓密的绿篱墙可减低噪声 6 dB；45 m 宽的悬铃幼树林可减低噪声 15 dB
监测环境污染	例如 SO_2 可使植物叶褪色或产生坏死斑点；当水中砷含量仅为 1 mg/L 时，凤眼莲的外部形态出现受害症状
调节和改善小气候	夏季高温季节绿地气温比非绿地低 3～5℃。绿地相对湿度比非绿地大 10%～20%。有林区的雨量比无林区平均多 7.4%

（3）净化空气。各种绿化植物对空气中有害成分的净化能力如表 8-9 所示。

表 8-9　绿化与净化空气

有害气体名称	产生源	净化树种或作物	作用
二氧化碳	煤燃烧、自燃	阔叶林	吸收二氧化碳，放出氧达 730 公斤/（公顷·日）
二氧化硫	煤及石油燃烧	柳杉林、松林、垂柳	吸收二氧化硫：柳杉林 720 公斤/（公顷·年），垂柳 10 公斤/（公顷·月）
氟化氢	化工生产	柽柳、女贞、君迁子	吸收
氯	化工生产	银华、悬铃木、水杉、桃、棕榈、松柏、柽柳、女贞、滇朴、君迁子	吸收

续表

有害气体名称	产生源	净化树种或作物	作用
氨	化工生产、燃烧煤、汽车排气、肥料	大豆、向日葵、玉米	吸收
汞	化工生产	夹竹桃、棕榈、樱花、桑树、大叶黄杨、八仙花、美人蕉	吸收
铅	冶金工业	悬铃木、榆树、石榴、构树、刺槐、女贞、大叶黄	吸收

注：1 公顷=10 000 平方米。

2. 改良气候

改善温度：在一般情况下，夏季林荫下的空气温度比裸露地空气温度要低 3 °C 左右，草地上的空气温度比沥青路面上的温度低 2 ~ 3 °C，冬季铺有草坪的空气温度比一般沙土地表的空气温度要高 4 °C 左右。

改善湿度：绿化地带的空气相对湿度和绝对湿度都大于非绿化区。夏季沥青场地的空气相对湿度为 37%，而在草地上空为 50%。

改善气流：绿化林可以减低风速，起防风作用，静风时又能促进气流交换，造成区域性微风和气体环流，使矿区污染气体扩散稀释，并流入新鲜空气。

增加雨量：林地的茂密枝叶在生长过程中所蒸发的水分要比它本身重量大 300 ~ 400 倍。水蒸气到了空中，可使空气湿度增大，增加降雨量。

3. 减弱噪声

据测定，40 m 宽的林带，可减弱噪声 10 ~ 15 dB；30 m 宽的林带可减弱噪声 6 ~ 8 dB。

4. 监测污染

利用植物对污染物质所产生的各种反应来监测大气和水质的污染程度。

监测大气污染：二氧化硫能使植物叶脉间产生褪色和坏死斑点；臭氧使叶子表面产生黄褐细密斑点。根据植物受害的程度和范围以及植物体内的污染物质含量，可以估测大气污染的程度。根据树木的年轮还可以推测过去若干年的污染情况。

沈阳化工厂在厂区内遍植京桃等对氯气敏感的植物，作为“哨兵”，能够及时发现跑、冒、滴、漏等事故。

监测水质污染：许多水生植物可以用来监测水质污染情况，例如凤眼莲可作为砷的监测指示植物。

5. 分隔厂（场）区，美化环境

按矿山各厂（场）区的划分，设置相应的绿化带，起到分隔作用。由阔叶树组成的浓密林带含有大量水分，发生火灾时，能起到隔离作用，延缓火势蔓延。

植物有不同的形状、颜色、姿态，可美化环境，陪衬建筑主体立面，遮挡较差的建筑立面和杂乱的堆场。

二、绿化类别

矿山绿化分为区域性的总体绿化和各厂（场）区的单体绿化。绿化种类一般有矿区防护林、厂（场）区绿化、居住区绿化、矿区铁路绿化、矿区公路绿化、沿河（沟、渠）绿化和排土场尾矿场土地复用绿化等，如表 8-10 所示。

表 8-10　绿化分类

<table>
<tr><th colspan="2">绿化名称</th><th>方式</th><th>作用</th></tr>
<tr><td rowspan="4">矿区
防护林</td><td>卫生防护林</td><td>林带</td><td>净化空气、减弱噪声</td></tr>
<tr><td>防风、防沙、防雪林</td><td>林带</td><td>减轻风、沙、雪害</td></tr>
<tr><td>水土保持林</td><td>林带</td><td>保持水土</td></tr>
<tr><td>防火林</td><td>林带</td><td>防火</td></tr>
<tr><td rowspan="2">厂（场）
区绿化</td><td>厂前区绿化</td><td>规则式、自然式绿化，花坛、宣传栏、喷水池、雕塑</td><td>美化环境</td></tr>
<tr><td>生产区绿化</td><td>隔离式乔木林、灌木林</td><td>防止污染、扩散，改善生产环境，调节厂区气候</td></tr>
</table>

续表

绿化名称		方式	作用
居住区绿化	公共建筑绿地	集中或分散，绿篱、树坛、花坛、草坪	治理污染，美化环境
	小型公共绿地	树木、花草、座椅、花坛、水池	治理污染，美化环境
矿区铁路、公路绿化		线路沿线、车站、道口及交叉	调节气候、稳固路基、防止污染、美化环境
沿河（沟、渠）绿化		沿河岸或河堤	防风固堤，美化环境
排土场、尾矿池土地复用绿化		大面积造林或种草	土地复用，维持生态平衡

三、绿化设计

绿化设计分为总体设计、初步设计和施工图设计三个阶段，且设计之前应具备一定的设计基础资料并确定绿化设计原则。

1. 绿化设计的基础资料

（1）地形图：一般与总平面布置图比例一致。

（2）土壤资料：土壤类型、土壤物理化学性质、不同土壤种类的分布情况、地下水位等。

（3）气象资料：历年逐月的气温、湿度、降水量、风向、风速、风力、积雪冻土深度及霜冻期等。

（4）植物资源资料：当地绿化现状，适宜当地条件的树种，以及对粉尘吸滞能力和对有害气体的抗御吸收性能、所在地区苗圃提供树苗、草皮的可能性及价格指标等。

2. 绿化设计原则

（1）绿化设计要执行《中华人民共和国环境保护法》第六条的规定，并应符合总平面设计规范、防火规范、国务院关于环境保护工作的相关决定等。

（2）绿化设计应根据矿区总平面布置并按车间功能分区，重点美化区的绿化布置还应与该地区的建筑群造型相协调。

（3）绿化设计要净化与美化相结合，贯彻实用、经济、美观的原则，因地制宜，合理选择树种，并对矿区内原有树木应尽量保护。

（4）树种选择要常绿树与落叶树结合，乔木与灌木结合；速生树与慢生树结合；阳性树与阴性树种结合；绿化与生产结合。

3. 绿化设计的主要技术资料

（1）矿区总平面资料，一般比例 1/500 ~ 1/2 000。

（2）气象资料，包括湿度、温度、降雨量、冻土深度、风雪等。

（3）土壤资料，包括土壤种类、土壤物理机械性能及农业化学特性、不同土壤的分布、地下水深度等。

（4）矿区附近的植物资源及工业布局的调查资料。调查矿区周围各单位的绿化现状，植物生长的自然条件以及对周围的环境的适应性，调查矿区周围“三废”的排放危害情况。

（5）树种特性资料，包括树冠特性、抗污染性能、适应条件及绿化用途等。

（6）树苗来源及其价格。

4. 绿化设计内容

（1）初步设计说明书包括下列内容：绿化布置原则、绿化技术指标（绿化占地面积、绿化占地系数）、绿化设施的组织定员、养护设备及投资等。

（2）绿化设计图纸：可与总平面图合并，用图例在总平面图上标出绿化的区域、范围和重点绿化的平面位置，注明绿化类别，如卫生防护林带、树种类别（如乔木、灌木、绿篱、草坪、花坛、树池、小游园）等。

5. 绿化植物的选择

（1）树种选择的一般要求。

树种应根据绿化功能及用途进行选择，一般要求如下：

① 选择对烟尘和有害气体有较强抵抗能力的树种；

② 选择地区适应性强的树种，特别要选择乡土树种；

③ 选择树冠顶部宽大的树种；

④ 选择速生、快长、耐修剪、易管理、易栽易活、出叶早、落叶晚、

抗病虫害强的树种。

（2）常见的环境保护绿化植物。

① 落叶乔木有加拿大白杨、钻天杨、悬铃木、垂柳、沙枣、银杏、桑树、白榆、国槐、刺槐、泡桐、构树、合欢、朴树、乌柏、青杨、槲栎等；

② 常绿乔木有马尾松、广玉兰、桉树、樟树、桂花、女贞、冬青、棕榈、铁树、罗江松、华山松、侧柏、桧柏、大叶冬青等；

③ 落叶灌木及小乔木有枸杞、木芙蓉、木槿、接骨木等；

④ 常绿灌木及小乔木有大叶黄杨、小叶女贞、凤尾兰、夹竹桃、珊瑚树、海桐、山茶、八角金盘、月季等；

⑤ 藤本植物有常青藤、牵牛、地锦等；

⑥ 草皮有野牛草、羊胡子草、狗牙草、蜈蚣草、结缕草等；

⑦ 花卉有美人蕉、玉簪、菊花、金鱼草、紫茉莉、仙人掌等。

绿化树种参考配比：

乔木 60% {常绿乔木 70%～30%；落叶乔木 30%～70%}

灌木 20% {常绿灌木 70%～30%；落叶灌木 30%～70%}

草坪 15%

花卉 5%

（3）抵抗和吸收有毒气体的绿化植物。

主要的防污绿化植物如表 8-11 所示。

表 8-11 主要的防污绿化植物

防污染种类	绿化树种
防尘	构树、桑树、广玉兰、刺槐、银桦、槐树、梧桐、泡桐、悬铃木、女贞、乌柏、桧柏、夹竹桃、沙枣、榆树、侧柏等

续表

防污染种类	绿化树种
防 SO_2	夹竹桃、海桐、大叶黄杨、广玉兰、山茶、女贞、珊瑚树、棕榈、冬青、梧桐、银杏、刺槐、垂柳、悬铃木、构树、凤尾兰、沙枣、加拿大白杨、樟树、苹果、李、杨树、合欢、云杉、桑树、玉兰、木槿、泡桐、罗汉松、桂花、侧柏等
防 NO_2	大叶黄杨、构树、凤尾兰、无花果、榆树、沙枣、槐树、刺槐、丝棉木等
防 CO_2	构树、夹竹桃等
防臭氧	樟树、银杏、柳杉、海桐、夹竹桃、栎树、刺槐、冬青、悬铃木、日本女贞、梨树等

6. 绿化植物的株距及占地最小宽度

绿化植物的株距应根据树木的形态合理确定。树冠大的乔木株距应适当加大，树冠小或考虑疏伐取材者宜适当减少，一般以两棵树成长后能使树冠相接而不过多妨碍树木生长为原则。绿化植物占地宽度及栽植间距如表 8-12 所示。

7. 绿化指标及定员编制

（1）绿化系数用下式表述：

$$绿化系数=\frac{绿化面积}{矿区总面积}（\%） \tag{8-1}$$

式中，绿化面积包括树冠垂直投影面积、草坪、花卉及垂直绿化面积等。

（2）绿化人员编制可按每公顷绿化占地面积 1 人左右计算，全矿应配备 1 ~ 2 名技术人员。

表 8-12　绿化植物占地宽度及栽植间距　　单位：m

植物名称	绿化植物最小占地宽度	栽植间距		备注
		株距	行距	
单行乔木	2	3.0 ~ 6.0		
双行乔木	行距+1	3.0 ~ 6.0	3.0 ~ 4.0	
单行乔单行灌木	2.5 ~ 3.0		0.5 ~ 1.0	

续表

植物名称		绿化植物最小占地宽度	栽植间距		备注
			株距	行距	
绿篱	整形	0.5 ~ 0.7			
	半自然形	0.8 ~ 1.2			
小灌木丛带		0.8	0.3 ~ 0.8		
中灌木丛带		1	0.75 ~ 1.0		
大灌木丛带		1.2	1.0 ~ 3.0		
防护林带		行距+1	乔木 1.0 ~ 3.0，灌木 1.0	1.0 ~ 3.0	通透 3×3，疏透 2×3，紧密 1.0 ~ 1.5×1.0 ~ 1.5
隔离林带					

8. 植物养护设备及绿化设施

植物养护设备的类型和数量；应根据矿山绿化面积的大小、机械设备的协作条件等确定。主要的绿化设备有：

（1）打药机（机动喷雾器）：供喷洒虫药用；

（2）洒水车；用以浇水或冲洗树叶粉尘（可与矿区路面洒水车合用）；

（3）升降机：供修剪树木整枝用；

（4）汽车：供运输树苗、树枝用（可与矿山杂用汽车合用）；

（5）剪枝剪、剪草机、油锯、挖坑器等用具，供修剪绿篱、草坪、枝杈和植树用。

绿化设施包括办公室、职工休息室，工具器材库等。

9. 绿化用水量

绿化用水量与地区气候条件、土壤种类、植物种类等有密切关系，综合用水量每 1 m^2 绿地面积约为 0.3 ~ 0.9 t。

10. 绿化投资估算

绿化投资一般包括以下项目：

（1）树苗购置费；

（2）施工运杂费；

（3）设备购置费；

（4）其他未预计费用；

每公顷绿化面积的投资约在 3.0 ~ 4.0 万元左右。

11. 绿化设计要点

（1）防护林带设计。

① 大气净化林带：林带的走向应与污染源至被污染区的主风向相垂直。在山区，不宜设置垂直于山沟的横向林带，以免阻挡气流，使有害物质滞留在山谷中。在丘陵地带、林带宜沿分水岭或地势较高地带布置。

林带的宽度、条数、间距如表 8-13 所示。

表 8-13 卫生防护距离分级、总宽度与林带的数量、宽度、间距

工业企业卫生防护级别①	卫生防护距离总宽度/m	防护距离内林带数量/条	每条防护林带宽度/m	防护林带之间距离/m
1	1 000	3 ~ 4	20 ~ 50	200 ~ 400
2	500	2 ~ 3	10 ~ 30	150 ~ 300
3	300	1 ~ 2	10 ~ 30	150 ~ 200
4	100	1 ~ 2	10 ~ 2	50
5	50	1	10 ~ 20	

注：工业企业卫生防护尚无分级标准，可根据污染情况进行分级。

林带的间距一般为成林高度的 15 ~ 25 倍，林带宽度一般为 20 ~ 30 m，林带树种以乔、灌木为主，林带结构以半透风结构和紧密结构为主。林木株行距，乔木为 1.5 m×2.0 m，灌木为 1.0 m×1.0 m。

② 防噪声林带：当噪声大于 75 dB 时，应考虑设置防噪声林带。林带应尽可能靠近声源，林带边缘与噪声源的距离一般以 6 ~ 15 m 为宜。林带宽度一般为 15 ~ 30 m，林带中心的树木高度最好在 10 m 以上，林带长度为声源至受声区的两倍。林带应以乔木、灌木和草地相结合，形成一个连续、密集的障碍带，最好选择枝叶茂密、叶面多毛、叶片垂直分布均匀的乔灌木树种。为了四季都能防噪声，尽量采用常绿树种。不同声源和噪声级与受声区的距离，如表 8-14 所示。

表 8-14 居住区距噪声源参考距离

声源点的噪声级/dB	至受声区的距离/m	声源点的噪声级/dB	至受声区的距离/m
120 ~ 140	3 000 ~ 4 000	80 ~ 90	50 ~ 150
100 ~ 110	300 ~ 500	70 ~ 80	30 ~ 100
90 ~ 100	150 ~ 300	60 ~ 70	20 ~ 50

③ 我国西北、内蒙古、东北等要设防风、防沙、防雷林带。

根据该地区多年的记载，设计防护林带的布置如图 8-3 所示。

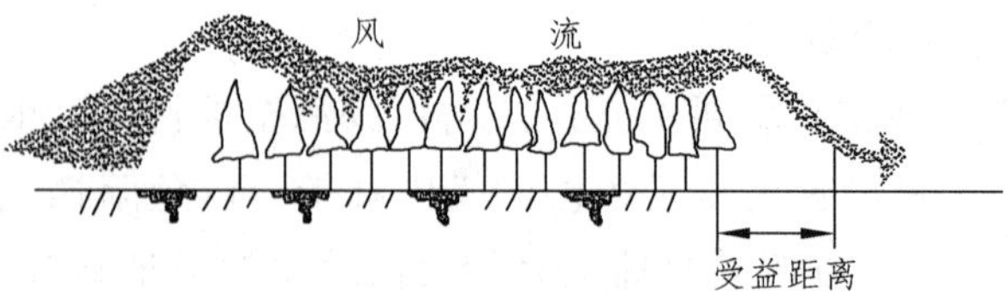

（a）宽林带

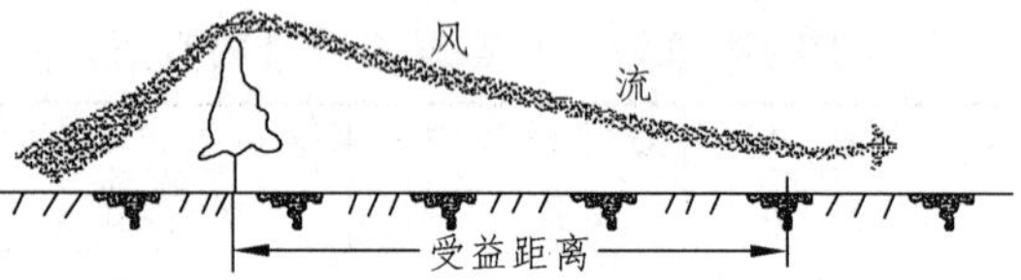

（b）窄林带

图 8-3　宽窄林带防风受益距离示意图

④ 保持水土林带：露天矿在基建和生产过程中，可能造成水土流失，甚至发生滑坡、塌方、泥石流等事故，故应设置水土保持林带。位于山坡地的采场、排土场及地面工业设施和住宅区，其上部应设水土保持林带，种植适应性强、繁殖容易、蓄水保土作用大的速生树种。

⑤ 防火林带：在露天矿各个工作场地之间，设置绿化带进行分隔，露天矿与草原相邻地段、火药加工厂和火药库周围以及其他有易燃、易爆和火源的场所均应设置防火林带。

（2）厂（场）区绿化设计。

厂前区绿化设计：一般采用草坪、花坛、花架、绿篱、树木等与厂前区的建筑物相呼应，形成优美的场地。厂前区的绿化植物应以观赏为主，可多植常绿树并考虑到四季景色。

生产区绿化设计：排土场、储矿（煤）场及散发有毒气体的车间，应种植抗烟尘、抗粉尘、抗毒性强的树种，但不宜过密，最好利用能吸收有害物质的植物进行植被，以利通风。排土场、储矿（煤）场、锅炉烟囱的污染距离与污染程度的关系如图 8-4 所示。

发生强烈噪声的生产场所，如鼓风机房、破碎车间、锻铆车间等附近，可栽植冠矮、分枝低、枝叶茂密的乔木、灌木，高低搭配，以减小噪声危害。

要求采光充足的厂房，宜栽植小灌木、草皮、花卉等。

经常散发可燃气体的厂房或库房，宜栽植含水分多、根系深、萌蘖力再生力强的植物，不得选用含油脂和易燃的树木。油库区周围不允许种植任何植物。

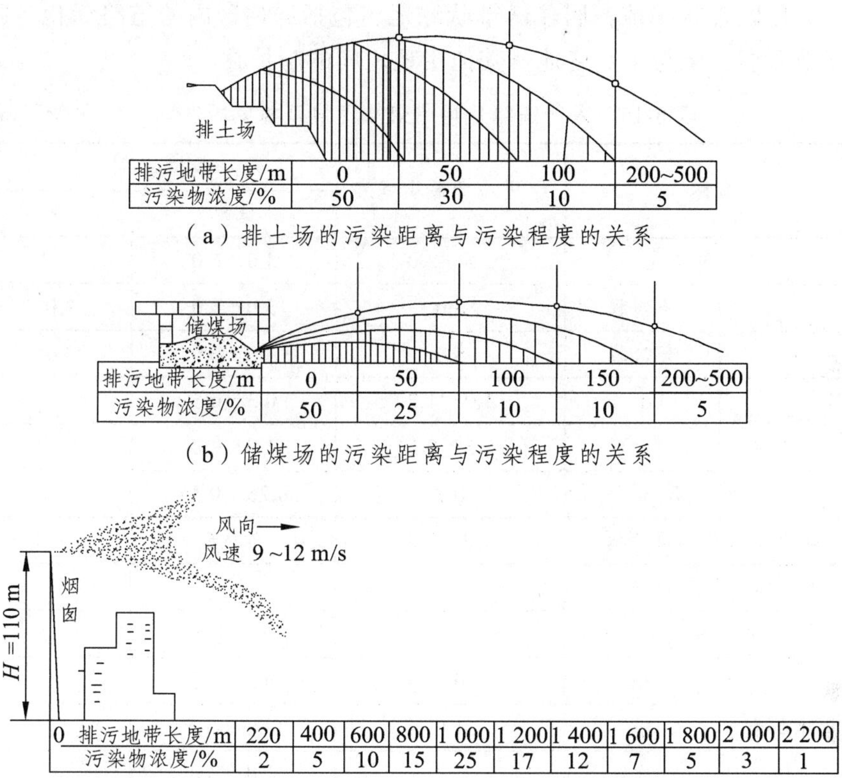

排污地带长度/m	0	50	100	200~500
污染物浓度/%	50	30	10	5

（a）排土场的污染距离与污染程度的关系

排污地带长度/m	0	50	100	150	200~500
污染物浓度/%	50	25	10	10	5

（b）储煤场的污染距离与污染程度的关系

0 排污地带长度/m	220	400	600	800	1 000	1 200	1 400	1 600	1 800	2 000	2 200
污染物浓度/%	2	5	10	15	25	17	12	7	5	3	1

（c）锅炉烟囱的污染距离与污染程度的关系

图 8-4　污染地带长度与污染程度关系（污染源的污染物浓度为 100）

需要遮阳的场地如汽车停车场，应栽植枝叶浓密的大乔木，以减少日光的暴晒。

行道绿化设计：沿道路种植一行或几行乔木，是道路绿化最基本的形式。人行道绿化地带最小宽度及栽植间距如表 8-15 所示。

（3）居住区绿化设计。

公共绿地：公共绿地包括休息场地、集中性大块绿地和生活用地。公共绿地可充分利用居住区内不宜做建筑用地的小山头、冲沟、陡坡、工程地质不良地段以及河畔、池塘边沿等。除了栽植树木花草外，还可适当地设置座椅、花坛、水池、雕塑等进行美化，起到装饰点缀的作用。

宅旁、宅间绿化：宅旁、宅间绿地布置形式有树林型、花园型、篱笆型和棚架型。一般种植遮阴树、果树、果藤，其间铺植草坪，树下种植耐阴的花草植物。

居住区带状绿地：居住区带状绿地，包括居住区内的道路绿化、临街绿地和居住区与工业场地及其他用地之间的防护林。

表 8-15　人行道绿化地带最小宽度及植间距　　　　单位：m

名称		绿化地带最小宽度	栽植距离	
			株距	行距
单行乔木		1.5 ~ 2.0	3.0 ~ 6.0	
双行乔木	并列栽	6.0	3.0 ~ 6.0	3.0
	交错栽	5.0	3.0 ~ 6.0	3.0
单行灌木带	小	1.0 ~ 1.2	0.3 ~ 0.5	
	大	1.5 ~ 2.5	1.0 ~ 3.0	
单行绿篱		0.7	0.25 ~ 0.35	
单行乔木与单行绿篱		2.0 ~ 2.5	≮0.5	
单行乔木与两行绿篱		2.5 ~ 3.0		
乔木群栽			2.0	
灌木群栽	小	0.8	0.3 ~ 0.8	
	中	1.0	0.75 ~ 1.5	
	大	1.2	1.0 ~ 3.0	
草坪		1.0		
卫生防护林带	乔木		1.5	2.0
	灌木		1.0	1.0
	乔木与灌木		品字形交错布置	1.0

道路绿化一般选用同一树种，以达到整齐美观的效果。在上行与下行道间，其宽度一般为 2 ~ 4 m。

（4）矿区铁路、公路绿化。

铁道线路绿化：直线地段一般在路基侧沟外栽植乔木 3 ~ 4 行，灌木 2 ~ 3 行乔木距铁路外轨不得小于 8 m，灌木不得小于 6 m，如图 8-5 所示。

曲线地段内侧，可栽植小乔木或大灌木，不影响视距，其布置方式如图 8-6 所示。

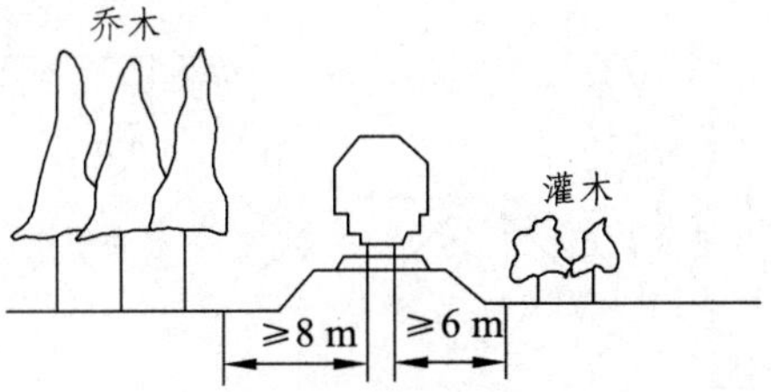

图 8-5　乔木栽植点距外轨最小距离示意图

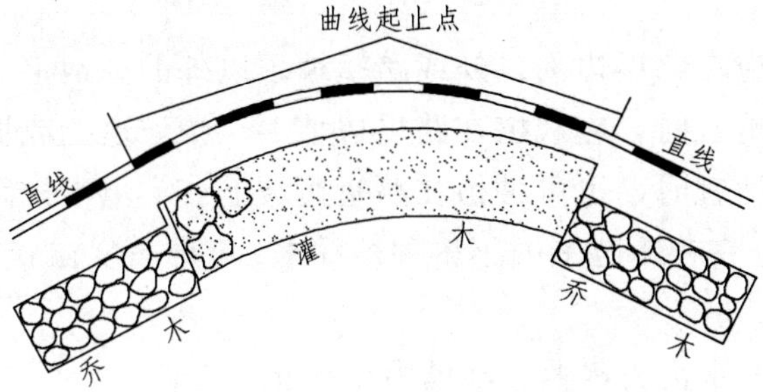

图 8-6　曲线内侧栽植灌木示意图

曲线外侧栽植乔木，树种宜常绿树和落叶树相结合，如图 8-7 所示。

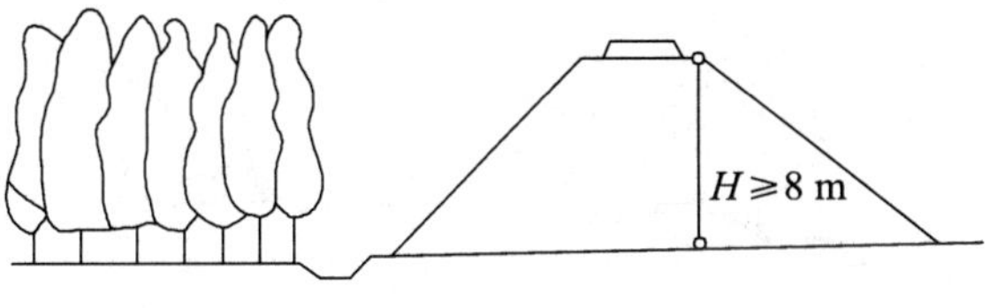

图 8-7　曲线外侧植乔木示意图

路堤坡面栽植乔木时，应距路肩 7.5 m 以外，栽植灌木时为 1.5 m。路堑坡面禁栽乔木。栽植灌木时，应距水沟外沿 1.5 m，栽植乔木时，应距路堑坡顶 4 m，如图 8-8 所示。

铁路站场绿化：宜栽植抗毒耐烟尘树种。应注意树型的优美，要有当地风土特色，并保证行车安全和站内运输方便，确保站场房屋建筑的通风、采光，不妨碍站内供电、通信线路及管线的铺设。

公路绿化：露天矿区公路两旁的绿化，应做到工程开工当年栽树。露天矿投入生产，绿化即应见效。

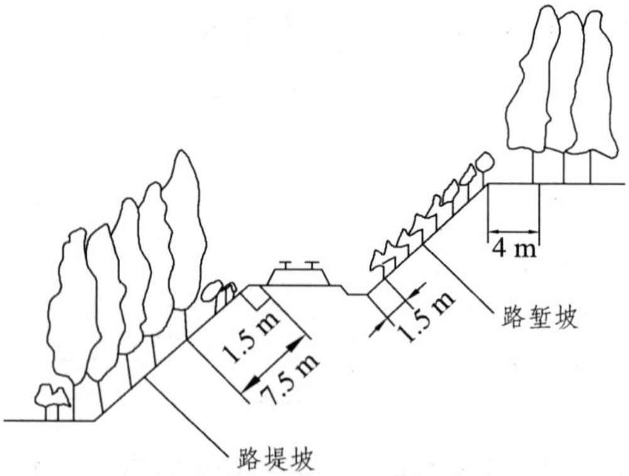

图 8-8　路堤、路堑坡面植树示意图

种植位置应在路堤边沟以外或路堑坡顶以外的空地上。公路通过农田或经济作物地区时，应栽植在路堤边坡上、护坡道上或坡脚处。当路堑不深，土壤适宜时，也可种植在路堑边坡上。半填半挖路段，一般种在填方边坡上。在视距范围内不得种植乔木，可种高度在 0.7 m 以下的灌木、花草。

（5）河流、水沟、水渠、池塘沿岸绿化。

流经露天矿区的天然河流和地面排水沟渠的两岸，以及池塘四周均可进行绿化。绿化除了调节小气候、美化环境以外，尚可防浪冲刷，起到固堤护坡的作用。其绿化布置形式如图 8-9 所示。

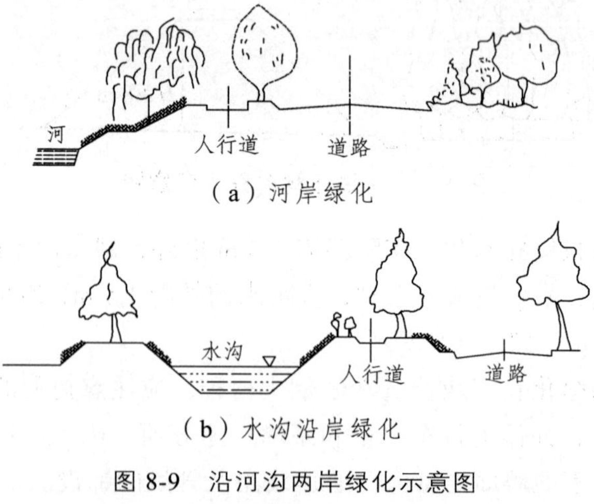

（a）河岸绿化

（b）水沟沿岸绿化

图 8-9　沿河沟两岸绿化示意图

（6）排土场、尾矿池土地复用绿化。

目前，我国只有少数露天矿的排土场、尾矿池进行了土地复用。凡不宜种植农作物的排土场及尾矿池，应大面积地植树造林和植被，以绿化矿区。

（7）树木与建、构筑物的距离。

树木与架空线路的间距见表 8-16，树木与建、构筑物的距离见表 8-17。

表 8-16　树木与架空线路的间距

电压/kV	电力线路至树冠外缘间距/m		名称	至乔木中心
	侧面（A）	上面（B）		
1 以下	不限（裸导线不小于 1 m）	不限（裸导线不小于 1 m）	路灯的电杆	2
1～6	1.5	1.5	通讯电杆	2
10～15	2	2	电车电杆	1
20～35	3	3		
60～110	4	4		
154～220	5	5		
330	6	6		

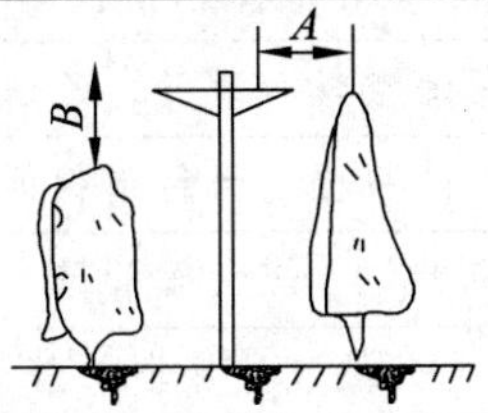

表 8-17　树木至建（构）筑物、管线的水平距离

名称			间距/m		备注
			至乔木中心	至灌木中心	
建筑物外墙	有窗		3	1.5	平房 2 m
	无窗		2	1.5	
围墙	$H \geq 2$ m		2～3	1～2	
	$H < 2$ m		1	0.75	
	有瞭望要求时		6	6	
挡土墙顶或墙脚、陡坡			1	0.5	
铁路	准轨中心线	厂外	8	4	
		厂内	4	3	
	窄轨中心线		3	2	
道路路面边缘			1	0.5	
人行道边缘、道牙			0.75	1～2	

续表

名称	间距/m		备注
	至乔木中心	至灌木中心	
天桥、栈桥的柱及电杆中心	2	不限	
冷却塔水池外缘	40	不限	
冷却塔（H 为喷水设施高）	$1.5H$	不限	
体育场地	3	3	
排水明沟及盲沟边缘	1	0.5	
给水管（管壁）、闸井	1.5	不限	
排水管（管壁）、探井	1.5	不限	
热力管（沟）外缘	2	1	
弱电电缆外缘（包括供电通信电缆）	2	1	灌木向路边生长
压缩空气、氧气、乙炔管管壁	2	1	
消防栓（至行道树间距）	1.2	1.2	
煤气管管壁	2 ~ 3	1 ~ 2	
天然气（瓦斯）管管壁	1.2	1.2	
石油管	2	2	
人防地下室、地铁、地下公路外缘	1.5 ~ 2	1 ~ 1.5	
警亭	3	2	
邮筒、路牌、车站标志	1.2	1.2	
桥头	6		
涵洞	3		
架空管道	1.5		

注：① 本表适用于树冠不大于 5 m 的树木；

② 乔木与地下管道的间距都在 1 ~ 2 m，在距乔木 1 m 的范围内不允许埋设管道；

③ 防火林至建筑物间距 4 ~ 6 m。

四、绿化树种

绿化的效果主要取决于树种的选择是否恰当，各种绿化植物的特征见表 8-18。我国绿化植物按功能进行的分类见表 8-19，我国主要植物适合的生长地区及特性见表 8-20。

表 8-18　绿化植物特征

树种	特征
灌木	低矮丛生，生命力强，枝叶稠密，卫生防护作用好
乔木	是绿化主要树种，卫生防护作用好，形体高大、美观
草皮	防止夏季地面暴热，尘土飞扬，覆盖面积大
果树	兼有卫生防护和美化环境作用，还可收获果实
花卉	美化环境

表 8-19　绿化植物按功能分类

功能	树种
绿荫	槭、梧桐、榆、洋槐、枫、杨、柳
耐旱	木麻黄、臭椿、洋槐栾、槐，榆，台湾相思
耐湿	栋、枫杨、枫香、白杨、乌桕、柳、小叶桉、梧桐、木麻黄、榆、香樟、木棉、水松、落叶松、水杉、白蜡、桦、悬铃木、三角枫、桦、垂柳、七叶
耐盐碱	椰子、油棕、木麻黄、台湾相思、栋、榆、小叶杨、臭椿、洋槐
吸收有害气体	银杏、桑树、构树、加拿大白杨、白毛杨、刺槐、紫穗槐、板栗、沙枣、榆、皂荚、华北卫矛、山楂、瓜子黄杨、侧柏、桧柏、垂柳、旱柳、槐、梧桐、枸杞、棕榈、珊瑚树、大叶黄杨、臭椿、乌桕、女贞、垂柳、悬铃木、山茶、柑橘、厚皮香、紫薇、海桐、樟、丝棉木、蓝桉、银桦、樟叶槭、红背桂、番石榴、小叶驳骨丹、夹竹桃、树菠萝、黄槿、菩提榕
吸滞粉尘	刺槐、沙枣、槐、榆、核桃、构树、侧柏、桧柏、梧桐、朴、木槿、泡桐、悬铃木、女贞、广玉兰、臭椿、龙柏、楸、栋、桑、夹竹桃、丝棉木、紫薇，乌桕、蓝桉、银桦、菩提榕、印度榕、高山榕、黄葛榕

续表

功能	树种
耐烟尘	臭椿、槐、苦栋、皂荚、洋槐、榆、白杨、柳、悬铃木、香樟、榕树、凤凰木等。海桐、黄杨、青岗栎、楠、菠萝树、女贞、冬青、广玉兰、珊瑚树、石楠、夹竹桃、厚皮香、构骨、朴、山侧、银杏
抗风	榄仁木、桫椤、椰子、木麻黄、椴槟榔、棕榈、著堤、白蜡树、五角枫、麻栎、香樟、乌桕、榆、槐、垂柳、胡桃、柠檬桉、园柏、柽柳、侧柏、木槿、多贞、朴、合欢、杨杨、竹、枇杷、鹅掌楸、梧桐、龙柏、黑松、储、青岗栎、月桂
防火	麻栎、臭椿、苦木、构骨、棕榈、金钱松、槐、洋槐、柳、白杨、悬铃木、珊瑚树、银杏、厚皮香、山茶、油菜、罗汉松、海桐、冬青、女贞、储、青岗栎、黄杨、楠、槲、泡桐
速生	泡桐、洋槐、法桐、毛白杨、加杨、枫杨、臭椿、香椿、青桐、合欢、白蜡、苦栋、水杉、池杉、女贞、垂柳、旱柳、香樟、桑、木棉、喜树、竹类、蓝桉、柠檬桉、白千层、复叶、君迁子

表 8-20　常用植物适合的生长地区及特征

树种	适应地区							特性
	Ⅰ	Ⅱ	Ⅲ	Ⅳ	Ⅴ	Ⅵ	Ⅶ	
银杏			+		+	+		落叶大乔木，不耐阴
杨类	+	+	+	+	+	+		落叶大乔木，耐寒、喜湿
柳类	+	+	+	+	+	+		落叶大乔木，喜湿、喜阳光
枫类			+		+	+	+	落叶大乔木，耐湿
白桦	+	+	+					落叶大乔木，耐寒不耐热
榆	+	+	+	+	+	+		落叶大乔木，耐干
合欢			+		+	+		落叶大乔木，耐干、喜阳光
槐			+			+		落叶大乔木，耐寒、喜阳光
枫香						+	+	落叶大乔木，不耐干寒
梧桐					+	+		落叶大乔木，不耐干寒
法国梧桐					+	+		落叶大乔木，不耐寒
香椿			+		+	+	+	落叶大乔木，不耐阴

续表

树种	适应地区							特性
	Ⅰ	Ⅱ	Ⅲ	Ⅳ	Ⅴ	Ⅵ	Ⅶ	
臭椿		+	+	+	+	+		落叶大乔木，不耐阴
椴	+	+	+		+			落叶大乔木，不耐干寒
重杨木						+	+	落叶大乔木，不耐寒
落叶松		+	+	+				落叶大乔木
樟					+	+	+	常绿大乔木，不耐寒
桉						+	+	常绿大乔木，喜阳光
朴		+	+	+	+	+		落叶大乔木，喜阳光
糖槭	+	+	+					落叶大乔木，不耐热
侧柏		+	+	+	+	+		常绿大乔木，喜阳光、可修剪
桧柏		+	+	+	+	+		常绿大乔木，耐阴、可修剪
马尾松					+	+		常绿大乔木，喜阳光
杉木					+	+		常绿大乔木，喜阳光
楠木					+	+		常绿大乔木，喜阳光
雪松					+			常绿大乔木，气候不适宜时易变形
女贞					+	+	+	常绿灌木、不耐干寒
茶					+	+	+	常绿小乔木，不耐干寒
黄杨					+	+		常绿灌木，不耐干寒
桂					+	+		常绿小乔木，不耐寒
夹竹桃					+	+	+	常绿小乔木，不耐寒
杜鹃					+	+		常绿灌木，喜肥沃土壤
树柳	+	+	+	+	+			落叶乔木
锦鸡儿		+	+	+				落叶乔木
胡枝子	+	+	+	+	+			落叶乔木
丁香		+	+	+	+	+		落叶灌木

注：Ⅰ—东北北部、内蒙古北部；Ⅱ—东北南部、内蒙古南部；Ⅲ—华北地区；Ⅳ—西北地区；Ⅴ—安徽、浙江、湖南三省北部，陕西南部、江苏、湖北、河南；Ⅵ—安徽、浙江、湖南三省南部，江西、贵州、四川和云南、福建北部；Ⅶ—广东、广西、福建、云南南部；台湾地区待补充。

参考文献

[1] 庾小东．地平王在冀东水泥江津矿山的应用[J]．矿业装备，2014（8）：36-38.

[2] 席利宾．维特根露天采矿机：全程技术支持[J]．矿业装备，2014（8）：39-42.

[3] 郭炜，泰斯美克．无岩不欢　泰斯美克“碎岩金刚”露天采矿技术[J]．矿业装备，2014（8）：43-45.

[4] 李云云，王明，廉杰．液压破碎锤在采矿中的应用[J]．现代矿业，2013，29（4）：116-117.

[5] 李克民．大型化、集中化引领露天开采技术潮流[J]．矿业装备，2014（8）：36-38.

[6] 肖明，杨振凯．无爆破采矿技术及设备的应用研究[J]．矿业装备，2014（8）：30-33.

[7] 李晓红．一种新型露天采矿机的研发与探讨[J]．中国水泥，2017（10）：116-117.

[8] 迟宇．智能煤矿，逆境重生[J]．矿业装备，2014（8）：4-9.

[9] 王荣祥，任效乾，张晶晶．我国井下采煤设备的发展与市场容量分析[J]．矿业装备，2011，10（10）：41.

[10] 易欣．变革智能采矿[J]．矿业装备，2014（5）：10-23.

[11] 王金华，黄曾华．中国煤矿智能开采科技创新与发展[J]．煤炭科学技术，2014，42（9）：1-6.

[12] 李夕兵．金属矿海底基岩开采技术[J]．矿业装备，2011（10）：31-32.

[13] 周爱民．我国硬岩矿山凿岩爆破工艺与装备进展[J]．凿岩机械气动工具，2009（1）：50-54.

[14] 唐懿．志高掘进　构筑矿业梦想，成就凿岩未来[J]．矿业装备，2014，7（7）：74.

[15] 庾小东．地平王在冀东水泥江津矿山的应用[J]．矿业装备，2014（8）：36-38.

[16] 张宇. 威猛 T1255 型地平王露天挖掘机[J]. 矿业装备，2009（8）：72-74.
[17] 张宇. 威猛地平王，露天采矿新帮手[J]. 矿业装备，2011（10）：102-103.
[18] 席利宾. 维特根露天采矿机：全程技术支持[J]. 矿业装备，2014（8）：39-42.
[19] 迟宇. 一锤定音　HB7000 型破碎锤助力矿山快速开采[J]. 矿业装备，2012（4）：12-13.
[20] 李云云，王明，廉杰. 液压破碎锤在采矿中的应用[J]. 现代矿业，2013，29（4）：116-117.
[21] 易堂. 另类的无爆破开采方式　阿特拉斯·科普柯液压破碎锤应用案例[J]. 矿业装备，2014（11）：66.
[22] 徐国强. 煤机逆市来袭[J]. 矿业装备，2013，10（10）：46-47.
[23] 易欣. 中国首台 MMD 全移动破碎站即将交付平朔[J]. 矿业装备，2013（4）：76.
[24] 唐懿. 聚焦砂石行业，克林曼移动破碎设备新机遇[J]. 矿业装备，2015（12）：14.
[25] 特雷克斯. 特雷克斯南方路机大型油电两用履带移动圆锥式破碎站——记 C-1550E 型破碎站亮相浙江省[J]. 工程机械，2016，47（8）：86.
[26] 李剑峰. 新一代带式输送机的研制（二）[J]. 矿业装备，2015（7）：54-56.
[27] 王毅锋. 主斜井带式输送机减速器断轴原因及预防[J]. 矿业装备，2013（11）：115.
[28] 陈葵. 康迪泰克节能型输送带实现优越性能[J]. 矿业装备，2011（10）：73.
[29] 王荣祥，任效乾，张晶晶. 我国井下采煤设备的发展与市场容量分析[J]. 矿业装备，2011（10）：41-47.
[30] 郝建生. 悬臂式重型掘进机关键技术探讨[J]. 煤炭科学技术，2008（4）：4-6.
[31] 徐国强. 掘锚先锋体验山特维克 MB670 型掘锚机[J]. 矿业装备，2012（2）：62-63.

[32] 赵新璋. 全断面岩石掘进机刀具磨损状态的分析与识别[J]. 矿业装备，2019（4）：178-179.

[33] 徐国强. 煤机逆市来袭[J]. 矿业装备，2013（10）：14-15.

[34] 肖鹏，杨红军. MB670型掘锚机在煤巷快速掘进中的应用[J]. 内蒙古煤炭经济，2015（7）：166-167.

[35] 杨小军，韩丰. MB670掘锚机在大柳塔煤矿的应用实践[J]. 陕西煤炭，2016，35（6）：91-93.

[36] 王为华，陈杰，杨树升. 硬岩掘进机截割部主轴承选型[J]. 矿业装备，2015（12）：30-33.

[37] 迟宇. 灵动的“护旗手”北方交通EBZ160E型掘进机助力矿山快速掘进[J]. 矿业装备，2012（2）：54-55.

[38] 徐国强. 遥控时代辽宁通用EBZ200H型悬臂式掘进机[J]. 矿业装备，2014（4）：14-15.

[39] 朱春勇. EBZ260H型掘进机在全岩石大断面中的运用[J]. 中国西部科技，2014（4）：29-30.

[40] 胡全，郭效龙，周兵. MR340X全岩综掘机及配套设备在煤矿中的应用[J]. 价值工程，2014（3）：118-119.

[41] 张乐强，孟鑫，张际景. EBZ260H硬岩掘进机的应用和改进[J]. 山东煤炭科技，2011（2）：239-240.

[42] 宋月辉. EBZ160B薄煤层掘进机整机动力仿真和关键结构件有限元分析[D]. 石家庄：河北科技大学，2014.

[43] 迟宇. 煤机物语[J]. 矿业装备，2011（10）：35-40.

[44] 安文，赵星，王金和. 掘进机A11VO变量泵液压系统的工作原理分析[J]. 矿业装备，2014（5）：106-107.

[45] 陈鑫，王益，董春蕾，等. 掘进机整体履带板用驱动轮齿形的设计方法[J]. 矿业装备，2015（7）：90-91.

[46] 牟东. 掘进机截割升降液压回路动态特性分析[D]. 哈尔滨：哈尔滨工业大学，2014.

[47] 迟宇. 掘锚一体山特维克助力神东布尔台煤矿快速开采[J]. 矿业装备，2011（10）：98-100.

[48] 易欣. 掘锚机养护有道[J]. 矿业装备，2013（4）：34-35.

[49] 王荣祥，任效乾，张晶晶. 我国井下采煤设备的发展与市场容量分

析[J]. 矿业装备，2011，10（10）：41.

[50] 徐国强. 前瞻科技，遥控未来薄煤层滚筒采煤机无人自动化工作面成套设备与技术[J]. 矿业装备，2012（4）：94-95.

[51] 光宁. 新型连续采煤机[J]. 建井技术，2011（4）：13.

[52] 马清虎，贾春玉. 12CM 系列连续采煤机液压系统分析[J]. 中国煤炭，2005（6）：42-43.

[53] 袁瑜. 走近端帮开采设备[J]. 矿业装备，2013，10（10）：52-55.

[54] 胡志强，李颖欣. 先进传动节能福伊特引领世界——访德国福伊特驱动技术有限公司[J]. 通用机械，2006（11）：27-28.

[55] 宋孚杨. 散料输送设备的革新设计（一）[J]. 矿业装备，2013（6）：52-54.

[56] 昌维彬. 井下 650 型长距离胶带输送机的研制与应用[J]. 内蒙古煤炭经济，2017（10）：18.

[57] 王荣祥，任效乾，张晶晶. 煤矿整合与煤机逆势崛起[J]. 矿业装备，2013（10）：40-45.

[58] 刘学成，宋光辉. SolidEdge 三维软件在液压支架设计中的应用[J]. 山东煤炭科技. 2016（2）：41-42.

[59] 崔震国. ZY3200/08/16D 型薄煤层液压支架的研制[J]. 矿业装备，2015（12）：82-83.

[60] 牛世胜. 大倾角煤层防倒防滑装置设计[J]. 矿业装备，2014（8）：104-106.

[61] 李军霄. ZZ4600/17/37Q 型支撑掩护式大倾角液压支架研制[J]. 矿业装备，2015（07）：84-85.

[62] 陈永生. 无爆破采矿方法在薄矿脉中的应用与发展[J]. 有色矿山，1996（1）：14-17.

[63] 张淑兰. 南非无爆破采矿方法的进展[J]. 黄金，1980（1）：16-19.

[64] 李金龙. 开采贵金属薄矿脉的新方法——劈岩机无爆破采矿新工艺研究[J]. 北京矿冶研究总院学报，1992（1）：23-30.

[65] 杨文柱. 美国无爆破采矿劈岩技术研究进展[J]. 有色金属（矿山部分），1993（6）：38-40.

[66] 王合祥. 地下硬岩无爆破采矿技术的研究进展[J]. 新疆有色金属，1996（4）：13-16.

[67] 李剑峰．液压支架电液控制系统控制器故障处理[J]．煤矿机械，2010（7）：175.
[68] 张艺．露天采矿机以实际应用说话[J]．矿业装备，2011（3）：44-45.
[69] 张洪．露天采矿机在胜利一号露天煤矿的应用与发展[J]．矿业装备，2011（3）：34-37.
[70] 席利宾．维特根露天采矿机：全程技术支持[J]．矿业装备，2014（8）：39-42.
[71] 何继明．威猛地平王引领露天采矿革新[J]．矿业装备，2011（3）：38-39.
[72] 张秋炜．无爆破连续采矿法在露天磷矿的开采实践[J]．化工矿物与加工，2012，41（6）：36-37.
[73] 李涛涛．煤矿刮板输送机常见故障与排除[J]．矿业装备，2013（4）：104-105.
[74] 王荣祥，任效乾，张晶晶．我国井下采煤设备的发展与市场容量分析[J]．矿业装备，2011（10）：41-47.
[75] 陈永生．无爆破采矿方法在薄矿脉中的应用与发展[J]．中国矿山工程，1996（1）：14-17.
[76] 孙杰，孙国权，姚香，等．软破薄矿体无爆破开采技术与工程实践[J]．金属矿山，2012（12）：35-37.
[77] 中国矿业学院．露天采矿手册[M]．北京：煤炭工业出版社，1985.